ZHUANGPEISHI JIANZHU SHIGONG JINENG SUCHENG

# 装配式建筑施工技能速成

李纲　编著

U0260837

中国电力出版社

CHINA ELECTRIC POWER PRESS

## 内 容 提 要

本书根据装配式建筑在实际施工中的应用范围，分别从"装配式工业厂房建筑"和"装配式混凝土住宅建筑"两个角度出发对装配式建筑施工进行解析。首先对装配式建筑常用建材及构件进行剖析，其次介绍装配式建筑的基础类型与施工，最后对"装配式工业厂房安装施工"和"装配式混凝土住宅施工"进行详细讲解。

本书内容简明实用、图文并茂，实用性和操作性较强，可供从事装配式施工的专业人员学习参考，也可作为土建类相关专业大中专院校师生的参考教材。

**图书在版编目（CIP）数据**

装配式建筑施工技能速成 / 李纲编著. —北京：中国电力出版社，2017.3（2018.1重印）
ISBN 978-7-5198-0289-9

Ⅰ．①装… Ⅱ．①李… Ⅲ．①建筑工程-工程施工 Ⅳ．①TU7

中国版本图书馆 CIP 数据核字（2017）第 009523 号

中国电力出版社出版发行
北京市东城区北京站西街 19 号 100005 http://www.cepp.sgcc.com.cn
责任编辑：周娟华 责任印制：郭华清 责任校对：马 宁
北京天宇星印刷厂印刷·各地新华书店经售
2017 年 3 月第 1 版 2018 年 1 月第 3 次印刷
700mm×1000mm 1/16·11 印张·206 千字
定价：48.00 元

# 前　言

随着我国经济社会发展的转型升级，特别是城镇化战略的加速推进，建筑业在改善人民居住环境、提升生活质量中的地位尤为显著。但遗憾的是，目前我国传统"粗放"的建造模式仍较普遍。一方面，生态环境严重破坏，资源、能源低效利用；另一方面，工程建设周期较长。而装配式建筑具有提高生产效率、改善施工和工程质量、提高建筑综合品质和性能、较少用工、缩短工期、降低建筑垃圾和扬尘等优点。因此，国家政策大力推行发展装配式建筑。然而，面对装配式建筑的一些新工艺、新材料，如何进行保质保量的施工，将是从事装配式建筑施工人员所要面临的一些问题，若把这些问题都弄清楚以后，就可以快速地建造装配式厂房或住宅。

本书首先介绍装配式建筑在不同施工环境中的应用，让读者对装配式建筑有着清晰的认知。其次，对装配式建筑的常用建材和构件进行详细的剖析，帮助业主合理地选择建材和构件，做到所选择的建材既能满足安全使用的条件，又能满足解决成本和美观的要求；最后，对于各分项工程施工，要先让业主明白工序的流程，对施工质量的好坏能有所识别，并在涉及钢结构安装和基础施工等细节部位施工时，能够指出正确的做法或所需注意的地方。本书适用于从事装配式施工的专业技术人员，让从事装配式建筑施工的人员节省时间，快速地在书中找到自己所要的内容。

参与本书编写的人有刘向宇、陈伟、安平、陈建华、陈宏、蔡志宏、邓毅丰、邓丽娜、黄肖、黄华、何志勇、郝鹏、李卫、林艳云、李广、李锋、李保华、刘团团、李小丽、李四磊、刘杰、刘彦萍、刘伟、刘全、梁越、马元、孙银青、王军、王力宇、王广洋、许静、谢永亮、肖冠军、于兆山、张志贵、张蕾。

本书在编写过程中参考了有关文献和一些项目施工管理经验性文件，并且得到了许多专家和相关单位的关心与大力支持，在此表示衷心的感谢。

由于水平有限，尽管编者尽心尽力，反复推敲核实，但难免有疏漏及不妥之处，恳请广大读者批评指正，以便做进一步的修改和完善。

编　者

2016 年 10 月

# 目　录

# 第一章 装配式建筑应用

## 第一节 装配式工业厂房

随着我国建筑行业的不断发展和进步，传统的建筑模式已经满足不了行业发展的趋势。近些年来，装配式建筑在全国各地逐步地发展。目前，装配式建筑在我国应用最多的还是在工业厂房（例如装配式钢结构工业厂房）建造方面。

1. 装配式钢结构工业厂房的概述及特点

装配式钢结构工业厂房主要是指其主要的承重构件是由钢材组成的，包括钢柱、钢梁、钢结构基础、钢屋架（钢结构屋架）和钢屋盖。注意：钢结构的墙也可以采用砖墙维护。由于我国的钢产量增大，很多厂房都开始采用钢结构了，具体还可以分为轻型和重型钢结构厂房。

装配式钢结构厂房的特点有：

（1）质量轻，强度高，跨度大。

（2）施工工期短，相应降低投资成本。

（3）搬移方便，回收无污染。

2. 装配式钢结构工业厂房的性能

（1）抗震性。低层别墅的屋面大都为坡屋面，因此屋面结构基本上采用的是由冷弯型钢构件做成的三角形屋架体系。轻钢构件在封完结构性板材及石膏板之后，形成了非常坚固的"板肋结构体系"，这种结构体系有着更强的抗震及抵抗水平荷载的能力，适用于抗震烈度为 8 度以上的地区。

（2）抗风性。钢结构建筑重量轻、强度高、整体刚性好、变形能力强。建筑物的自重仅为砖混结构的五分之一，可抵抗 70m/s 的飓风，使生命财产能得到有效的保护。

（3）耐久性。轻钢结构全部采用冷弯薄壁钢构件体系组成，钢骨采用超级防腐高强冷轧镀锌板制造，有效避免了钢板在施工和使用过程中的锈蚀影响，增加了轻钢构件的使用寿命，其结构寿命可达 100 年。

（4）保温性。采用的保温隔热材料以玻纤棉为主，具有良好的保温隔热效果。用于外墙的保温板，有效地避免了墙体的"冷桥"现象，达到了更好的保温效果。100mm 左右厚的 R15 保温棉热阻值可相当于 1m 厚的砖墙。

（5）隔声性。隔声效果是评估钢结构厂房的一个重要指标。轻钢体系安装的窗均采用中空玻璃,隔声效果好,隔声达 40dB 以上;由轻钢龙骨、保温材料石膏板组成的墙体,其隔声效果可高达 60dB。

(6)健康性。干作业施工,减少废弃物对环境造成的污染,房屋钢结构材料可 100%回收,其他配套材料也可大部分回收,符合当前环保意识;所有材料为绿色建材,满足生态环境要求,有利于健康。

(7)舒适性。轻钢墙体采用高效节能体系,具有呼吸功能,可调节室内空气干湿度;屋顶具有通风功能,可以使屋内部上空形成流动的空气间,保证屋顶内部的通风及散热需求。

(8)快捷。全部干作业施工,不受环境和季节的影响。一栋 300m² 左右的建筑,只需 5 个工人 30 个工作日可以完成从地基到装修的全过程。

3. 装配式钢结构工业厂房的优、缺点

(1)装配式钢结构工业厂房的优点。

1)用途广泛:可适用于工厂、仓库、办公楼、体育馆、飞机库等。既可用于单层大跨度建筑,也可用于多层或高层建筑。

2)建筑简易,施工周期短:所有构件均在工厂预制完成,现场只需简单拼装,从而大大缩短了施工周期,一座 6000m² 的建筑物,只需 40 天即可基本安装完成。

3)经久耐用,易于维修:通过电脑设计而成的钢结构建筑可以抗拒恶劣气候,并且只需简单保养。

4)美观实用:钢结构建筑线条简洁流畅,具有现代感。彩色墙身板有多种颜色可供选择,墙体也可采用其他材料,因而更具有灵活性。

5)造价合理:钢结构建筑自重轻,减少基础造价,建造速度快,可早日建成投产,其综合经济效益大大优于混凝土结构建筑。

(2)装配式钢结构工业厂房的缺点。装配式钢结构工程质量难以保证的原因有很多,也很复杂,既有工艺不当导致的问题,也有违反工艺操作造成的问题,还有由于施工人员的技术水平和责任心造成的问题,以及决策者失误造成的质量问题。

4. 装配式钢结构厂房设计的注意事项

在设计过程中屋面设计是一个难点,在这里我们把屋面设计的一些注意事项进行剖析,具体内容如下:

(1)防渗:防止雨水从外面渗到金属屋面板内。雨水主要是通过搭接缝隙或节点进入金属屋面。要达到防渗的功能,需在螺钉口使用密封垫圈后采用隐藏式固定,在板的搭接处用密封胶或焊接处理,最好是用通长的板以消除搭接,在各种节点部位进行严密的防水处理。

(2)防火:发生火灾时金属屋面材料不会燃烧,火苗不会穿透金属屋面板。

（3）抗风压：抵抗当地最大风压，金属屋面板不会被负风压拉脱。抗风性能与金属屋面板和固定座的扣合力、固定座的密度有关。

（4）隔声：阻止声音从室外传到室内或从室内传到室外。在金属屋面层内填充隔声材料（通常由保温棉充当），隔声效果以金属屋面层两侧的声强差分贝表示。隔声效果与隔声材料的密度、厚度有关。应注意：隔声材料对不同频率的声音的阻隔效果不一样。

（5）通风：室内外进行空气交换。在金属屋面上设置通风口。

（6）防潮：防止在金属屋面底层和金属屋面层内有水蒸气凝结，排走金属屋面层内的水汽。解决方案是在金属屋面层内填充保温棉，金属屋面底板上铺置防水膜，金属屋面板上有可通风的节点。

（7）承重：承受施工荷载、雨水、粉尘、雪压、维修荷载。金属屋面板的承重性能与板型的截面特性，材质的强度、厚度，传力方式，檩条（副檩条）的间距有关。

（8）防雷：把雷电引到地面上，防止雷电击穿金属屋面进入室内。

（9）保温：阻止热量在金属屋面的两侧传递，使室内气温稳定。保温功能通过在金属屋面板下填充保温材料（常用的有玻璃棉、岩棉）实现，保温效果以 $U$ 值表示，单位是 $W/(m^2 \cdot K)$。保温性能由以下因素决定：保温棉的原料、密度、厚度；保温棉的湿度；金属屋面板与下层结构的连接方式（要防止"冷桥"现象）；金属屋面层对热辐射的反复能力。

（10）采光：白天通过天窗改善室内照明，节省能源。在金属屋面的特定位置布置采光板或采光玻璃，应考虑天窗的使用寿命并与金属屋面板协调，在天窗与金属屋面板的连接处做好防水处理。

（11）美观：金属屋面外表有良好的质感，悦目的颜色。

（12）控制热胀冷缩：控制金属屋面板的收缩位移及方向。确保金属屋面板在温差大的地区不会因热胀冷缩产生的应力而破坏。

（13）防雪崩：在降雪地区的金属屋面上设置挡雪栏杆，防止积雪突然滑落。

（14）防冰柱：防止雨雪在檐口处形成冰柱。

## 第二节　装配式混凝土住宅

随着现代工业技术的发展，建造房屋可以像机器生产那样，成批成套地制造。只要把预制好的房屋构件，运到工地装配起来就成。装配式建筑在 20 世纪初就开始引起人们的兴趣，到 20 世纪 60 年代终于实现。英国、法国、苏联等国首先作了尝试。由于装配式建筑的建造速度快，而且生产成本较低，迅速在世界各地推广开来。

1. 装配式混凝土住宅的概述及特点

装配式混凝土建筑是指用预制的构件在工地装配而成的建筑。这种建筑的优点是建造速度快，受气候条件制约小，节约劳动力，并可提高建筑质量。

装配式混凝土住宅的特点如下：

（1）大量的建筑部品由车间生产加工完成。构件种类主要有外墙板、内墙板、叠合板、阳台、空调板、楼梯、预制梁、预制柱等。

（2）现场大量的装配作业，而原始现浇作业大大减少。

（3）采用建筑、装修一体化设计与施工，理想状态是装修可随主体施工同步进行。

（4）设计的标准化和管理的信息化。构件越标准，生产效率越高，相应的构件成本就会下降，配合工厂的数字化管理，整个装配式建筑的性价比会越来越高。

（5）符合绿色建筑的要求。

2. 装配式混凝土住宅的主要种类

装配式混凝土住宅的主要种类有砌块建筑和板材建筑两类，其具体内容如下：

（1）砌块建筑。用预制的块状材料砌成墙体的装配式建筑，适于建造 3～5 层建筑，如提高砌块强度或配置钢筋，还可适当增加层数。砌块建筑适应性强，生产工艺简单，施工简便，造价较低，还可利用地方材料和工业废料。

建筑砌块有小型、中型、大型之分：小型砌块适于人工搬运和砌筑，工业化程度较低，灵活方便，使用较广；中型砌块可用小型机械吊装，可节约砌筑劳动力；大型砌块现已被预制大型板材所代替。

砌块有实心和空心两类，实心的较多采用轻质材料制成。砌块的接缝是保证砌体强度的重要环节，一般采用水泥砂浆砌筑。小型砌块还可采用套接而不用砂浆的干砌法，这样可减少施工中的湿作业。有的砌块表面经过处理，可作清水墙。

（2）板材建筑。由预制的大型内外墙板、楼板和屋面板等板材装配而成，又称大板建筑。它是工业化体系建筑中全装配式建筑的主要类型。板材建筑可以减轻结构重量，提高劳动生产率，扩大建筑的使用面积和防震能力。板材建筑的内墙板多为钢筋混凝土的实心板或空心板；外墙板多为带有保温层的钢筋混凝土复合板，也可用轻骨料混凝土、泡沫混凝土或大孔混凝土等制成带有外饰面的墙板。建筑内的设备常采用集中的室内管道配件或盒式卫生间等，以提高装配化的程度。

大板建筑的关键问题是节点设计。在结构上应保证构件连接的整体性（板材之间的连接方法主要有焊接、螺栓连接和后浇混凝土整体连接）。在防水构造上要妥善解决外墙板接缝的防水，以及楼缝、角部的热工处理等问题。大板建筑的主要缺点是对建筑物造型和布局有较大的制约性；小开间横向承重的大板建筑内部分隔缺少灵活性（纵墙式、内柱式和大跨度楼板式的内部可灵活分隔）。

3. 装配式混凝土住宅设计

（1）在满足建筑使用功能的前提下，装配式建筑设计应采用标准化、系列化设计方法，满足体系化设计的要求，充分考虑构配件的标准化、模数化、多样化，并编制设计、制作和施工安装成套设计文件。

（2）在前期规划与方案设计阶段，各专业应充分配合，结合建筑功能与造型，规划好建筑各部位采用的工业化、标准化预制混凝土构配件，并因地制宜地积极采用新材料、新产品和新技术。在总体规划中，应考虑构配件的制作和堆放，以及起重运输设备服务半径所需的空间。

（3）装配式混凝土结构中的预制构件（柱、梁、墙、板）的划分，应遵循受力合理、连接简单、施工方便、少规格、多组合，并能组装成形式多样的结构系列的原则。

（4）装配式混凝土结构的平面布置宜规则、对称，并应具有良好的整体性。结构的侧向刚度宜均匀变化，竖向抗侧力构件的截面尺寸和材料宜自下而上逐渐减小，避免抗侧力结构的侧向刚度和承载力的突变。

（5）装配式混凝土结构的分析应根据装配式结构体系的受力性能、节点和连接的特点，采取合理、准确的计算模型，应考虑连接和节点刚度对结构内力分布和整体刚度的影响。

（6）装配式混凝土结构的设计应包括下列内容：

1）结构方案，包括结构选型、传力途径、预制构件的拆分与布置。

2）作用及作用效应分析，其中包括各类接缝的承载力计算，必要时尚应进行结构的倾覆验算。

3）预制构件及一般构件截面配筋计算及验算。

4）结构构造及连接措施。

5）预制构件及一般构件的构造及连接措施。

6）施工阶段的验算和对施工的要求。

7）必要时应进行耐久性设计和防连续倒塌设计。

8）满足特殊要求的结构构件的专门性能设计。

（7）装配式结构的验算应包括以下内容：

1）结构和构件的承载力和变形。

2）结构和构件的稳定性。

3）预制构件与接合面应对其在施工阶段和使用阶段各种不利荷载组合作用下的承载力、裂缝宽度及挠度。

（8）装配式混凝土结构的设计应考虑便于预制、吊装、就位和调整，结合部钢筋及预埋件不宜过多，且连接部位能较早承受荷载，以便于上部结构的继续施工。

（9）装配式混凝土结构的结构方案、耐久性设计和防连续倒塌设计，应符合《混凝土结构设计规范》（GB 50010—2010）的要求。

# 第二章 装配式建筑常用建材与构件

## 第一节 常用基础材料

### 1. 水泥的选用

基础施工一般会用到硅酸盐水泥和普通硅酸盐水泥，它们的几个主要技术指标见表 2–1。不同龄期水泥的强度规范要求见表 2–2。

表 2–1 　　　　　　　　　　　水 泥 主 要 技 术 指 标

| 技 术 指 标 | 性 能 要 求 |
|---|---|
| 细度：水泥颗粒的粗细程度 | 颗粒越细，硬化得越快，早期强度也越高。硅酸盐水泥和普通硅酸盐水泥细度以比表面积表示，不小于 300m²/kg |
| 凝结时间：① 从加水搅拌到开始凝结所需的时间称初凝时间；② 从加水搅拌到凝结完成所需的时间称终凝时间 | 硅酸盐水泥初凝时间不小于 45min，终凝时间不大于 6.5h；普通硅酸盐水泥初凝时间不小于 45min，终凝时间不大于 6h |
| 体积安定性：指水泥在硬化过程中体积变化的均匀性能 | 水泥中含杂质较多，会产生不均匀变形 |
| 强度：指水泥胶砂硬化后所能承受外力破坏的能力 | 不同品种不同强度等级的通用硅酸盐水泥，其不同龄期的强度应符合表 2–2 的规定。一般而言，自建小别墅选择强度等级为 32.5 级的水泥就可以了 |

表 2–2 　　　　　　　　　不同龄期水泥的强度规范要求

| 品种 | 强度等级 | 抗压强度/MPa | | 抗折强度/MPa | |
|---|---|---|---|---|---|
| | | 3d | 28d | 3d | 28d |
| 硅酸盐水泥 | 42.5 | ≥17.0 | ≥42.5 | ≥3.5 | ≥6.5 |
| | 42.5R | ≥22.0 | | ≥4.0 | |
| | 52.5 | ≥23.0 | ≥52.5 | ≥4.0 | ≥7.0 |
| | 52.5R | ≥27.0 | | ≥5.0 | |
| | 62.5 | ≥28.0 | ≥62.5 | ≥5.0 | ≥8.0 |
| | 62.5R | ≥32.0 | | ≥5.5 | |
| 普通硅酸盐水泥 | 42.5 | ≥17.0 | ≥42.5 | ≥3.5 | ≥6.5 |
| | 42.5R | ≥22.0 | | ≥4.0 | |
| | 52.5 | ≥23.0 | ≥52.5 | ≥4.0 | ≥7.0 |
| | 52.5R | ≥27.0 | | ≥5.0 | |

在选购水泥时，可以从以下几个方面加以判断：

（1）看水泥的包装是否完好，标识是否完全。正规水泥包装袋上的标识有工厂名称，生产许可证编号，水泥名称，注册商标，品种（包括品种代号），强度等级（标号），包装年、月、日和编号。

（2）用手指捻一下水泥粉，如果感觉到有少许细、砂、粉，则表明水泥细度是正常的。

（3）看水泥的色泽是否为深灰色或深绿色，如果色泽发黄（熟料是生烧料）、发白（矿渣掺量过多），则水泥强度一般比较低。

（4）水泥也是有保质期的。一般而言，超过出厂日期30天的水泥，其强度将有所下降。储存3个月后的水泥，其强度会降低10%～20%，6个月后会降低15%～30%，1年后会降低25%～40%。正常的水泥应无受潮结块现象，优质水泥在6h左右即可凝固，超过12h仍不能凝固的水泥，质量就不行了。

（5）作为基础建材，市面上水泥的价格相对比较透明，例如强度等级为32.5级的普通硅酸盐水泥，一袋也就是20元左右。水泥强度等级越高，价格也相应高一些。

**2. 建筑用砂石的选用**

（1）建筑用砂的种类。一般建筑用砂可分为天然砂和人工砂。天然砂是由自然风化、水流搬运和分选、堆积形成的、粒径小于4.75mm的岩石颗粒，包括河砂、湖砂、山砂、淡化海砂，但不包括软质岩、风化岩石的颗粒；人工砂是经除土处理的机制砂、混合砂的统称。机制砂是由机械破碎、筛分制成的，粒径小于4.75mm的岩石颗粒，但是不包括软质岩、风化岩石的颗粒。混合砂则是由机制砂和天然砂混合制成的建筑用砂。

（2）建筑用砂的规格。建筑用砂在实际中主要按照细度模数分为细、中、粗三种规格，其细度模数分别为：细砂1.6～2.2、中砂2.3～3.0、粗砂3.1～3.6。

在实际施工中，细砂通常用来抹面，混凝土则往往使用中、粗砂。

（3）建筑用砂的类别。根据国家规范，建筑用砂按技术要求分为Ⅰ、Ⅱ、Ⅲ三种类别，分别用于不同强度等级的混凝土。

建筑用砂类别的划分涉及的因素较多，包含颗粒级配、含泥量、含石粉量、有害物质含量（这里的有害物质是指对混凝土强度的不良影响）、坚固性指标、压碎指标六个方面。对于普通业主来说，很多因素是很难了解的，一般我们可以大概地去辨别：类别低的砂看着更细一些，清洁程度也要差一点，当然，石粉含量、有害物质等也会相对多一些，最后拌和的混凝土强度也会等级低一点。

1）Ⅰ类砂宜用于强度等级大于C60的混凝土。

2）Ⅱ类砂宜用于强度等级为C30～C60以及有抗冻、抗渗或其他要求的混凝土。

3）Ⅲ类砂宜用于强度等级小于 C30 的混凝土和建筑砂浆。

（4）砂表观察密度、堆积密度、空隙率 应符合如下规定：

1）表观密度大于 2500kg/m³；

2）松散堆积密度大于 1350kg/m³；

3）空隙率小于 47%。

（5）其他要求。挑选砂石料时，要注意砂石料中不宜混有草根、树叶、树枝、塑料品、煤块、炉渣等有害物质。对于预应力混凝土、接触水体或潮湿条件下的混凝土所用砂，其氯化物含量应小于 0.03%。

3. 建筑石灰的选用

石灰在自建房中是用途比较广泛的建筑材料，在实际生产中，由于石灰石原料的尺寸大或煅烧时窑中温度分布不匀等，石灰中常含有欠火石灰和过火石灰。欠火石灰中的碳酸钙未完全分解，使用时缺乏粘结力。过火石灰结构密实，表面常包覆一层熔融物，熟化很慢。

生石灰呈白色或灰色块状，为便于使用，块状生石灰常需加工成生石灰粉、消石灰粉或石灰膏。

（1）生石灰粉是由块状生石灰磨细而得到的细粉。

（2）消石灰粉是块状生石灰用适量水熟化而得到的粉末，又称熟石灰。

（3）石灰膏是块状生石灰用较多的水（为生石灰体积的 3～4 倍）熟化而得到的膏状物，也称石灰浆。

熟化石灰常用两种方法：消石灰浆法和消石灰粉法。石灰熟化时会放出大量的热，体积增大 1～2 倍，在熟化过程中，一定要注意好防护安全，避免出现意外情况。一般煅烧良好、氧化钙含量高的石灰熟化较快，放热量和体积增大也较多。

石灰熟化的理论需水量为石灰重量的 32% 左右，在生石灰中，均匀加入 60%～80% 的水，可以得到颗粒细小、分散均匀的消石灰粉。若用过量的水熟化，将得到具有一定稠度的石灰膏。石灰中一般都含有过火石灰，过火石灰熟化慢，若没有经过彻底的熟化，在使用后期会继续与空气中的水分发生熟化，从而产生膨胀而引起隆起和开裂。所以，为了消除过火石灰的这种危害，石灰在熟化后，一定要"陈伏"两周左右。

在购买生石灰时，应选块状生石灰，好的块状生石灰应该具有以下几个方面的特点：

（1）表面不光滑、毛糙。表面光滑有反光，轮廓清楚的为石头，一般都是没有烧好。

（2）同样体积的石灰，烧得好的较轻，没烧好的较沉，轮廓清楚，如毛刺。

（3）好的石灰化水时全部化光，没有杂质，也没有石块沉淀物。

（4）在购买石灰时，最好现买、现化、现用。

**4. 基础常用管道的选用**

（1）基础管道的选择。现在市面上的管道材质五花八门，各种材质、型号、功能往往让人晕头转向。要想选对、选好基础用管道，首先就得了解管道的种类，以及用在什么地方。图 2-1 是几种常用基础管道。基础常用管道的主要性能、特点等内容见表 2-3。

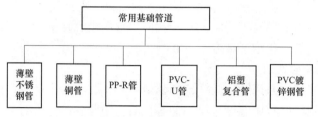

图 2-1　常用基础管道

表 2-3　　　　　　　　　　　基础常用管道的主要内容

| 名称 | 性质及特点 | 图片 |
|---|---|---|
| 薄壁不锈钢管 | 最常见的一种基础管材，具有不易氧化生锈、耐腐蚀性强、使用安全可靠、抗冲击性强、热传导率相对较低等优点。但不锈钢管的价格目前相对较高，另在选择使用时要注意选择水中耐氯离子的不锈钢型号 | |
| PP-R 管 | 住宅建筑中的铜管是指薄壁紫铜管。按有无包覆材料分类，有裸铜管和塑覆铜管（管外壁覆有热挤塑料覆层，用以保护铜管和管道保温）。薄壁铜管具有较好的力学性能和良好的延展性，其管材坚硬、强度高，小管径的生产由拉制而成<br><br>一般用于给水管，管道压力不能大于 0.6MPa，温度不能高于 70℃，其优点是价格比较便宜，施工方便，是目前应用最多的一种管材。PP-R 管具有如下特点：<br>（1）耐腐蚀、不易结垢，避免了镀锌钢管锈蚀结垢造成的二次污染。<br>（2）耐热，可长期输送温度为 70℃ 以下的热水。<br>（3）保温性能好，20℃ 时的热导率仅约为钢管的 1/200、紫铜管的 1/1400。<br>（4）卫生、无毒，可以直接用于纯净水、饮水管道系统。<br>（5）重量轻，强度高，PP-R 管的密度一般为 0.89～0.91g/cm³，仅为钢管的 1/9、紫铜管的 1/10。<br>（6）管材内壁光滑，不易结垢，管道内流体阻力小，流体阻力远小于金属管道 | |

| 名称 | 性质及特点 | 图片 |
|---|---|---|
| PVC-U 管 | 又称硬聚乙烯管，适合用在温度小于 45℃，压力小于 0.6MPa 的管道。PVC-U 管的化学稳定性好、耐腐蚀性强、使用卫生、对水质基本无污染。管道具有热导率小，不易结露，管材内壁光滑，水流阻力小，材质较轻，加工、运输、安装、维修方便等特点。但要注意的是，其强度较低、耐热性能差、不宜在阳光下曝晒 | |
| 铝塑复合管 | 结构为塑料→胶粘剂→铝材，即内外层是聚乙烯塑料，中间层是铝材，经热熔共挤复合而成。铝塑复合管和其他塑料管道的最大区别是它集塑料与金属管的优点于一身，具有独特的优点：机械性能优越，耐压较高；采用交联工艺处理的交联聚乙烯（PEX）做的铝塑复合管耐温较高，可以长期在 95℃ 高温下使用；能够阻隔气体的渗透且热膨胀系数低 | |
| PVC 镀锌钢管 | 兼有金属管材强度大、刚性好和塑料管材耐腐蚀的优点，同时也克服了两类材料的缺点。衬 PVC 镀锌钢管的优点是管件配套多、规格齐全 | |

（2）基础管道的选择技巧。

1）PP-R 管的选择技巧。

① PP-R 管有冷水管和热水管之分，但无论是冷水管还是热水管，其材质应该是一样的，其区别只在于管壁的厚度不同。

② 一定要注意，目前市场上较普遍存在着管件、热水管用较好的原料，而冷水管却用 PP-B（PP-B 为嵌段共聚聚丙烯）冒充 PP-R 的情况。这类产品在生产时需要焊接不同的材料，因材质不同，焊接处极易出现断裂、脱焊、漏滴等情况，埋下各种隐患。

③ 选购时应注意管材上的标识，产品名称应为"冷热水用无规共聚聚丙烯管材"或"冷热水用 PP-R 管材"，并标明了该产品执行的国家标准。当发现产品被冠以其他名称或执行其他标准时，则尽量不要选购该产品。

2）PVC-U 管的选择技巧。虽然 PVC-U 管价格较低廉，且对水质的影响很小，但当在生产过程中，加入不恰当的添加剂和其他不洁的残留物后，会从塑料中向管壁迁移，并会不同程度地向水中析出，这也是该管道材料最大的缺陷。

3）铝塑复合管的选择技巧。铝塑复合管有较好的保温性能，内外壁不易腐蚀，因内壁光滑，对流体阻力很小，又可随意弯曲，所以安装施工方便。铝塑复合管有足够的强度，可将其作为供水管道，若其横向受力太大，则会影响其强度，所以宜做明管施工或将其埋于墙体内，不宜埋入地下。

4）PVC 镀锌钢管的选择技巧。这种复合管材也存在自身的缺点，例如材料用量多，管道内实际使用管径变小；在生产中需要增加复合成型工艺，其价格要比单一管材的价格稍高。此外，如粘合不牢固或环境温度和介质温度变化大时，容易产生离层而导致管材质量下降。

## 第二节 常用连接附件

1. 普通螺栓

（1）普通螺栓的特点。普通螺栓（图 2-2）是由头部和螺杆（带有外螺纹的圆柱体）两部分组成的一类紧固件，需与螺母配合，用于紧固连接两个带有通孔的零件。

图 2-2　普通螺栓图例

（2）等级及分类。按照性能等级划分，螺栓可分为 3.6、4.6、4.8、5.6、5.8、6.8、8.8、9.8、10.9、12.9 十个等级，其中 8.8 级及以上螺栓材质为低碳合金钢或中碳钢并经热处理，通称为高强度螺栓，8.8 级以下通称为普通螺栓。高强度螺栓包括大六角头高强度螺栓、扭剪型高强度螺栓、钢网架螺栓球节点用高强度螺栓。

高强度螺栓连接副是一整套的含义，包括一个螺栓、一个螺母和一个垫圈。

螺栓的制作精度等级分为 A、B、C 级三个等级。A、B 级为精制螺栓。A、B 级螺栓应与Ⅰ类孔匹配应用。Ⅰ类孔的孔径与螺栓公称直径相等，基本上无缝隙，螺栓可轻击入孔，类似于铆钉一样受剪及承压（挤压）。但 A、B 级螺栓对构件的拼装精度要求很高，价格也贵，工程中较少采用。C 级为粗制螺栓。C 级螺栓常与Ⅱ类孔匹配应用。Ⅱ类孔的孔径比螺栓直径大 1～2mm，缝隙较大，螺栓入孔较容易，相应其受剪性能较差。C 级的普通螺栓适用于受拉力的连接，受剪时另用支托承受剪力。

2. 大六角头高强度螺栓

（1）大六角头高强度螺栓的特点。大六角头高强度螺栓（图 2-3）的头部尺寸比普通六角头螺栓要大，可适应施加预拉力的工具及操作要求，同时也增大与连接板间的承压或摩擦面积。其产品标准为《钢结构用高强度大六角头螺栓、大六角螺母、垫圈技术条件》（GB/T 1231—2006）。

图 2-3　大六角头高强度螺栓

（2）技术要求。

1）性能等级、材料及使用配合。

① 螺栓、螺母、垫圈的性能等级和材料应符合表 2-4 的规定。

表 2-4　　　　　　　　　螺栓、螺母、垫圈的性能等级和材料

| 类　　　别 | 性能等级 | 材　　　料 | 标准编号 | 适用规格 |
|---|---|---|---|---|
| 螺栓 | 10.9S | 20MnTiB<br>ML20MnTiB | GB/T 3077<br>GB/T 6478 | ≤M24 |
| | | 35VB | | ≤M30 |
| | 8.8S | 45、35 | GB/T 699 | ≤M20 |
| | | 20MnTiB、<br>40CrML20MnTiB | GB/T 3077<br>GB/T 6478 | ≤M24 |
| | | 35CrMo | GB/T 3077 | ≤M30 |
| | | 35VB | | |
| 螺母 | 10H | 45、35<br>ML35 | GB/T 699<br>GB/T 6478 | — |
| | 8H | | | |
| 垫圈 | 35HRC～45HRC | 45、35 | GB/T 699 | |

② 螺栓、螺母、垫圈的使用配合应符合表 2-5 的规定。

表 2-5　　　　　　　　　螺栓、螺母、垫圈的使用配合

| 类　　　别 | 螺　　栓 | 螺　　母 | 垫　　圈 |
|---|---|---|---|
| 型式尺寸 | 按 GB/T 1228 规定 | 按 GB/T 1229 规定 | 按 GB/T 1230 规定 |
| 性能等级 | 10.9S | 10H | 35HRC～45HRC |
| | 8.8S | 8H | 35HRC～45HRC |

2）机械性能。

① 螺栓的机械性能。

a. 试件的机械性能。制造厂应将制造螺栓的材料取样，经与螺栓制造中形同的热处理工艺处理后，制成试件进行拉伸试验，其结果应符合表 2-6 的规定。当螺栓的材料直径不小于 16mm 时，根据用户要求，制造厂还应增加常温冲击试验，

其结果应符合表 2-6 的规定。

表 2-6　　　　　　　　　　　拉　伸　试　验

| 性能等级 | 抗拉强度 $R_m$/MPa | 规定非比例延伸强度 $R_{p0.2}$/MPa | 断后伸长率 A （%） | 断后收缩率 Z （%） | 冲击吸收功 $A_{kvz}$/J |
|---|---|---|---|---|---|
| | | 不小于 | | | |
| 10.9S | 1040~1240 | 940 | 10 | 42 | 47 |
| 8.8S | 830~1030 | 660 | 12 | 45 | 63 |

b. 实物机械性能。进行螺栓实物楔负载试验时，拉力载荷应在表 2-7 规定的范围内，且断裂应发生在螺纹部分或螺纹与螺杆交接处。

表 2-7　　　　　　　　　　　拉　力　载　荷

| 螺纹规格 d | | M12 | M16 | M20 | （M22） | M24 | （M27） | M30 |
|---|---|---|---|---|---|---|---|---|
| 公称应力截面积 $A_s$/mm² | | 84.3 | 157 | 245 | 303 | 353 | 459 | 561 |
| 性能等级 | 10.9S 拉力载荷/N | 87 700~ 104 500 | 163 000~ 195 000 | 255 000~ 304 000 | 315 000~ 376 000 | 367 000~ 438 000 | 477 000~ 569 000 | 583 000~ 696 000 |
| | 8.8S | 70 000~ 86 800 | 130 000~ 162 000 | 203 000~ 252 000 | 251 000~ 312 000 | 293 000~ 354 000 | 381 000~ 473 000 | 466 000~ 578 000 |

当螺栓 $l/d \leqslant 3$ 时，如不能做楔负载试验，允许做拉力荷载试验或芯部硬度试验。拉力荷载应符合表 2-7 的规定。芯部硬度试验符合表 2-8 的规定。

表 2-8　　　　　　　　　　　芯　部　硬　度

| 性能等级 | 维 氏 硬 度 | | 洛 氏 硬 度 | |
|---|---|---|---|---|
| | min | max | min | max |
| 10.9S | 312 HV30 | 367 HV30 | 33 HRC | 39 HRC |
| 8.8S | 249 HV30 | 296 HV30 | 24 HRC | 31 HRC |

② 螺母机械性能。

a. 螺母的保证载荷应符合表 2-9 的规定。

表 2-9　　　　　　　　　　　螺母的保证荷载

| 螺纹规格 D | | | M12 | M16 | M20 | （M22） | M24 | （M27） | M30 |
|---|---|---|---|---|---|---|---|---|---|
| 性能等级 | 10H | 保证载荷/N | 87 700 | 163 000 | 255 000 | 315 000 | 367 000 | 477 000 | 583 000 |
| | 8H | | 70 000 | 130 000 | 203 000 | 251 000 | 293 000 | 381 000 | 466 000 |

b. 螺母的硬度应符合表 2–10 的规定。

表 2–10 螺 母 的 保 证 荷 载

| 性能等级 | 洛 氏 硬 度 | | 维 氏 硬 度 | |
|---|---|---|---|---|
| | min | max | min | max |
| 10H | 98 HRB | 32 HRC | 222 HV30 | 304 HV30 |
| 8H | 95 HRB | 30 HRC | 206 HV30 | 289 HV30 |

3. 扭剪型高强度螺栓

（1）扭剪型高强度螺栓的特点。扭剪型高强度螺栓（图 2–4）的尾部连着一个梅花头，梅花头与螺栓尾部之间有一沟槽。当用特制扳手拧螺母时，以梅花头作为反拧支点，终拧时梅花头沿沟槽被拧断，并以拧断为准表示已达到规定的预拉力值。其产品标准为《钢结构用扭剪型高强度螺栓连接副》（GB/T 3632—2008）。

图 2–4 扭剪型高强度螺栓

（2）技术要求。

1）性能等级及材料。螺栓、螺母、垫圈的性能等级和推荐材料应符合表 2–11 的规定。经供需双方协议，也可使用其他材料，但应在订货合同中注明，并在螺栓或螺母产品上增加标志 T（紧跟 S 或 H）。

表 2–11 螺栓、螺母、垫圈的性能等级和推荐材料

| 类别 | 性能等级 | 推荐材料 | 标准编号 | 适用规格 |
|---|---|---|---|---|
| 螺栓 | 10.9S | 20MnTiB<br>ML20MnTiB | GB/T 3077<br>GB/T 6478 | ≤M24 |
| | | 35VB<br>35CrMo | （附录 A）<br>GB/T 3077 | M27、M30 |
| 螺母 | 10H | 45、35<br>ML35 | GB/T 699<br>GB/T 6478 | ≤M30 |
| 垫圈 | — | 45、35 | GB/T 699 | |

2）机械性能。

① 螺栓机械性能。

a. 原材料试件机械性能。制造者应对螺栓的原材料取样，经与螺栓制造中相同的热处理工艺处理后，按《金属材料 拉伸试验 第 1 部分：室温试验方法》

（GB/T 228.1—2010）制成试件进行拉伸试验，其结果应符合表 2–12 的规定。根据用户要求，可增加低温冲击试验，其结果也应符合表 2–12 的规定。

表 2–12　　　　　　　　拉　伸　试　验

| 性能等级 | 抗拉强度 $R_m$/MPa | 规定非比例延伸强度 $R_{p0.2}$/MPa | 断后伸长率 $A$（%） | 断面收缩率 $Z$（%） | 冲击吸收功 $A_{kvz}$/J（−20℃） |
|---|---|---|---|---|---|
| | | | ≥ | | |
| 10.9S | 1040～1240 | 940 | 10 | 42 | 27 |

b. 螺栓实物机械性能。对螺栓实物进行楔负载试验时，当拉力荷载在表 2–12 规定的范围内，且断裂应发生按螺纹部分或螺纹与螺杆交接处。

当螺栓 $l/d ≤ 3$ 时，如不能进行楔负载试验，允许用拉力荷载试验或芯部硬度试验代替楔负载试验。拉力荷载应符合表 2–13 的规定，芯部硬度应符合表 2–14 的规定。

表 2–13　　　　　　　　楔负载试验拉力荷载

| 螺纹规格 $d$ | | M16 | M20 | M22 | M24 | M27 | M30 |
|---|---|---|---|---|---|---|---|
| 公称应力截面积 $A_a$/mm² | | 157 | 245 | 303 | 353 | 459 | 561 |
| 10.9S | 拉力载荷/kN | 163～195 | 255～304 | 315～376 | 367～438 | 477～569 | 583～696 |

表 2–14　　　　　　　　芯　部　硬　度

| 性能等级 | 维 氏 硬 度 | | 洛 氏 硬 度 | |
|---|---|---|---|---|
| | min | max | min | max |
| 10.9S | 312 HV30 | 367 HV30 | 33 HRC | 39 HRC |

② 螺母机械性能。

a. 螺母的保证荷载应符合表 2–15 的规定。

表 2–15　　　　　　　　螺　母　的　保　证　荷　载

| 螺纹规格 $D$ | | M16 | M20 | M22 | M24 | M27 | M30 |
|---|---|---|---|---|---|---|---|
| 公称应力截面积 $A_s$/mm² | | 157 | 245 | 303 | 353 | 459 | 561 |
| 保证应力 $S_p$/MPa | | 1040 | | | | | |
| 10H | 保证载荷（$A_s × S_p$）/kN | 163 | 255 | 315 | 367 | 477 | 583 |

b. 螺母的硬度应符合表 2–16 的规定。

**表 2–16** **螺 母 的 硬 度**

| 性能等级 | 洛 氏 硬 度 | | 维 氏 硬 度 | |
|---|---|---|---|---|
| | min | max | min | max |
| 10H | 98 HRB | 32 HRC | 222 HV30 | 304 HV30 |

3）连接副的紧固轴力应符合表 2–17 的规定。

**表 2–17** **连 接 副 的 紧 固 轴 力**

| 螺纹规格 | | M16 | M20 | M22 | M24 | M27 | M30 |
|---|---|---|---|---|---|---|---|
| 每批紧固轴力的平均值/kN | 公称 | 110 | 171 | 209 | 248 | 319 | 391 |
| | min | 100 | 155 | 190 | 225 | 290 | 355 |
| | max | 121 | 188 | 230 | 272 | 351 | 430 |
| 紧固轴力标准偏差$\sigma \leqslant$ /kN | | 10.0 | 15.5 | 19.0 | 22.5 | 29.0 | 35.5 |

4）表面处理。为保证连接副紧固轴力和防锈性能，螺栓、螺母和垫圈应进行表面处理（可以是相同的或不同的），并由制造者确定。经处理后的连接副紧固轴力应符合表 2–17 的规定。

4. 钢网架螺栓球节点用高强螺栓

（1）钢网架螺栓球节点用高强螺栓的特点。钢网架螺栓球节点用高强度螺栓（图 2–5）是专门用于钢网架螺栓球节点的高强度螺栓。其产品标准为《钢网架螺栓球节点用高强度螺栓》（GB/T 16939—2016）。

图 2–5　钢网架螺栓球节点用高强螺栓

（2）尺寸规定。螺栓的尺寸具体参数应符合表 2–18 的规定。

**表 2–18** **螺 栓 的 尺 寸**

| 螺纹规格 $d$ | | M12 | M14 | M16 | M20 | M22 | M24 | M27 | M30 | M33 | M36 |
|---|---|---|---|---|---|---|---|---|---|---|---|
| $P$ | | 1.75 | 2 | 2 | 2.5 | 2.5 | 3 | 3 | 3.5 | 3.5 | 4 |
| $b$ | min | 15 | 17 | 20 | 25 | 27 | 30 | 33 | 37 | 40 | 44 |
| | max | 18.5 | 21 | 24 | 30 | 32 | 36 | 39 | 44 | 47 | 52 |

续表

| 螺纹规格 d | M12 | M14 | M16 | M20 | M22 | M24 | M27 | M30 | M33 | M36 |
|---|---|---|---|---|---|---|---|---|---|---|
| $\delta\approx$ | 1.5 | | | | 2.0 | | | 2.5 | | |
| $d_E$ max | 18 | 21 | 24 | 30 | 34 | 38 | 41 | 46 | 50 | 55 |
| $d_E$ min | 17.38 | 20.38 | 23.38 | 29.38 | 33.38 | 35.38 | 40.38 | 45.38 | 49.38 | 54.28 |
| $d_e$ max | 12.35 | 14.35 | 16.35 | 20.42 | 22.42 | 24.42 | 27.42 | 30.42 | 33.50 | 36.50 |
| $d_e$ min | 11.65 | 13.65 | 15.65 | 19.58 | 21.58 | 23.58 | 26.58 | 29.58 | 32.50 | 35.50 |
| K 公称 | 6.4 | 7.5 | 10 | 12.5 | 14 | 15 | 17 | 18.7 | 21 | 22.5 |
| K max | 7.15 | 8.25 | 10.75 | 13.4 | 14.9 | 15.9 | 17.9 | 19.75 | 22.05 | 23.55 |
| K min | 5.65 | 6.75 | 9.25 | 11.5 | 13.1 | 14.1 | 16.1 | 17.65 | 19.96 | 21.45 |
| r min | 0.8 | | | | 1.0 | | | 1.5 | | |
| $d_a$ max | 15.20 | 17.29 | 19.20 | 24.40 | 26.40 | 28.40 | 32.40 | 35.40 | 38.40 | 42.40 |
| l 公称 | 50 | 54 | 52 | 73 | 75 | 82 | 90 | 98 | 101 | 125 |
| l max | 50.80 | 54.95 | 62.95 | 73.95 | 75.95 | 83.1 | 91.1 | 99.1 | 102.1 | 126.25 |
| l min | 49.20 | 53.05 | 61.05 | 72.05 | 74.05 | 80.9 | 88.9 | 96.9 | 99.9 | 123.75 |
| $l_1$ 公称 | 18 | | 22 | | 24 | | | 28 | | 43 |
| $l_1$ max | 18.35 | | 22.42 | | 24.42 | | | 28.42 | | 43.50 |
| $l_1$ min | 17.85 | | 21.58 | | 23.58 | | | 27.58 | | 42.50 |
| $l_1$ 参考 | 10 | | 13 | | 16 | 18 | 20 | 24 | | 26 |
| $l_1$ | 4 | | | | | | | | | |
| n max | 3.3 | | | | 5.3 | | | 6.3 | | 8.36 |
| n min | 3 | | | | 5 | | | 6 | | 8 |
| $l_1$ max | 2.8 | | | | 3.30 | | | 4.38 | | 5.38 |
| $l_1$ min | 2.2 | | | | 2.70 | | | 3.52 | | 4.32 |
| $l_2$ max | 2.3 | | | | 2.80 | | | 3.30 | | 4.38 |
| $l_2$ min | 1.7 | | | | 2.20 | | | 2.70 | | 3.82 |

| 螺纹规格 d | M39 | M42 | M45 | M48 | M52 | M56×4 | M60×4 | M64×4 |
|---|---|---|---|---|---|---|---|---|
| P | 4 | 4.5 | 4.5 | 5 | 5 | 4 | 4 | 4 |
| b min | 47 | 50 | 55 | 58 | 62 | 65 | 70 | 74 |
| b max | 55 | 59 | 64 | 68 | 72 | 74 | 78 | 82 |
| $\delta\approx$ | 3.0 | | | | | 3.5 | | |
| $d_E$ max | 60 | 65 | 70 | 75 | 80 | 90 | 95 | 100 |
| $d_E$ min | 59.25 | 64.25 | 68.25 | 74.25 | 79.25 | 89.13 | 94.13 | 99.13 |
| $d_e$ max | 39.50 | 42.50 | 45.50 | 48.50 | 52.50 | 56.50 | 60.50 | 64.80 |
| $d_e$ min | 38.50 | 41.50 | 44.50 | 47.50 | 51.40 | 55.40 | 59.40 | 65.40 |
| K 公称 | 25 | 26 | 28 | 30 | 33 | 35 | 38 | 40 |
| K max | 26.05 | 27.05 | 29.05 | 31.05 | 34.25 | 36.25 | 39.25 | 41.25 |
| K min | 23.95 | 24.95 | 26.95 | 28.95 | 31.75 | 33.75 | 36.75 | 38.75 |

续表

| 螺纹规格 $d$ | | M39 | M42 | M45 | M48 | M52 | M56×4 | M60×4 | M64×4 |
|---|---|---|---|---|---|---|---|---|---|
| $r$ | min | 2.0 | | | | | 2.5 | | |
| $d_e$ | max | 45.40 | 48.60 | 52.60 | 56.60 | 52.60 | 57.00 | 71.00 | 75.00 |
| $l$ | 公称 | 128 | 136 | 145 | 148 | 162 | 172 | 196 | 205 |
| | max | 129.25 | 137.25 | 146.25 | 149.25 | 163.25 | 173.25 | 197.45 | 208.45 |
| | min | 126.75 | 134.75 | 143.75 | 146.75 | 160.75 | 170.75 | 194.55 | 203.55 |
| $l_1$ | 公称 | 43 | | | 48 | | 53 | | 58 |
| | max | 43.50 | | | 48.50 | | 53.60 | | 58.60 |
| | min | 42.50 | | | 47.50 | | 52.40 | | 57.40 |
| $l_2$ | 参考 | 26 | | 30 | | 38 | 42 | 57 | |
| $l_3$ | | 4 | | | | | | | |
| $n$ | max | 8.36 | | | | | | | |
| | min | 8 | | | | | | | |
| $l_1$ | max | 5.38 | | | | | | | |
| | min | 4.82 | | | | | | | |
| $l_2$ | max | 4.38 | | | | | | | |
| | min | 3.82 | | | | | | | |

注：推荐的六角套、封板或锥头底厚及螺栓嵌入球体长度等见附录 A。

## 第三节 主体结构预制钢材的选择

### 1. 碳素钢结构

碳素结构钢（图 2-6）是碳素钢的一种。含碳量为 0.05%～0.70%，个别可高达 0.90%。可分为普通碳素结构钢和优质碳素结构钢两类。

（1）牌号表示方法。碳素结构钢是最普通的工程用钢，建筑钢结构中主要使用低碳钢（其含碳量在 0.28% 以下）。按《碳素结构钢》（GB 700—2006），碳素结构钢分为 5 个牌号，即 Q195、Q215、Q235、Q255、Q275。其中，Q235 钢常为一般焊接结构优先选用。

图 2-6 碳素结构钢

碳素结构钢的牌号由代表屈服点的字母、屈服点数值、质量等级符号、脱氧方法符号 4 个部分按顺序组成。

例如：Q235AF

Q——钢材屈服点"屈"字汉语拼音首位字母；

235——屈服点数值（MPa）；

A、B、C、D——分别为质量等级；

F——沸腾钢"沸"字汉语拼音首位字母；

b——半镇静钢"半"字汉语拼音首位字母；

Z——镇静钢"镇"字汉语拼音首位字母；

TZ——特殊镇静钢"特镇"两字汉语拼音首位字母。

在牌号组成表示方法中，"Z"与"TZ"符号予以省略。

（2）技术要求。

1）牌号和化学成分。

① 钢的牌号和化学成分（熔炼分析）应符合表 2-19 的规定。

表 2-19                                钢的牌号和化学成分

| 牌号 | 统一数字代号[①] | 等级 | 厚度（或直径）/mm | 脱氧方法 | 化学成分（质量分数）(%)，≤ | | | | |
|---|---|---|---|---|---|---|---|---|---|
| | | | | | C | Si | Mn | P | S |
| Q195 | U11952 | — | — | F、Z | 0.12 | 0.30 | 0.50 | 0.035 | 0.040 |
| Q215 | U12152 | A | — | F、Z | 0.15 | 0.35 | 1.20 | 0.045 | 0.050 |
| | U12155 | B | | | | | | | 0.045 |
| Q235 | U12352 | A | — | F、Z | 0.22 | 0.35 | 1.40 | 0.045 | 0.050 |
| | U12355 | B | | | 0.20[②] | | | | 0.045 |
| | U12358 | C | | Z | 0.17 | | | 0.040 | 0.040 |
| | U12359 | D | | TZ | | | | 0.035 | 0.035 |
| Q275 | U12752 | A | — | F、Z | 0.24 | 0.35 | 1.50 | 0.045 | 0.050 |
| | U12755 | B | ≤40 | Z | 0.21 | | | 0.045 | 0.045 |
| | | | >40 | | 0.22 | | | | |
| | U12758 | C | — | Z | 0.20 | | | 0.040 | 0.040 |
| | U12759 | D | | TZ | | | | 0.035 | 0.035 |

① 表中为镇静钢、特殊镇静钢牌号的统一数字，沸腾钢牌号的统一数字代号如下：

    Q195F——U11950；

    Q215AF——U12150，Q215BF——U12153；

    Q235AF——U12350，Q235BF——U12353；

    Q275AF——U12750。

② 经需方同意，Q235B 的碳含量可不大于 0.22。

a. D 级钢应含有足够的形成细晶粒结构的元素，并在质量证明书中注明细化晶粒元素的含量。当采用铝氧时，钢中酸溶铝含量不小于 0.015%，或总铝含量不小于 0.020%。

b. 钢中残余元素铬、镍、铜含量应各不大于 0.30%，氮含量应不大于 0.008%。如供方能保证，均可不做分析。

（a）氮含量允许超过上述的规定值，但氮含量每增加 0.001%，磷的最大含量应减少 0.005%，熔炼分析氮的最大含量应不大于 0.012%；如果钢中的酸溶铝含量不小于 0.015%或总铝含量不小于 0.020%，则氮含量的上限值可以不受限制。固定氮的元素应在质量证明书上注明。

（b）经需方同意，A 级钢的铜含量可不大于 0.35%。此时，供方应做铜含量的分析，并在质量证明书中注明其含量。

c. 钢中砷的含量应不大于 0.080%。用含砷矿冶炼生铁所冶炼的钢，砷含量由供需双方协议规定。如原料中没有含砷，可不做砷的分析。

d. 在保证钢材力学性能符合国家现行标准规定的情况下，各牌号 A 级钢的碳、硅、锰含量可以不作为交货条件，但其含量应在质量证明书中注明。

e. 在供应商品钢锭、连铸坯和钢坯时，为保证轧制钢材各项性能符合国家标准要求，可以根据需方要求规定各牌号的碳、锰含量下限。

② 成品钢材、连铸胚、钢坯的化学成分允许偏差应符合《钢的成品化学成分允许偏差》（GB/T 222—2006）中表 1 的规定。

沸腾钢成品钢材和钢坯的化学成分偏差不作保证。

2）交货状态。钢材一般以热轧、控轧或正火状态交货。

3）力学性能。

① 钢材的拉伸和冲击试验应符合表 2–20 的规定，弯曲试验应符合表 2–21 的规定。

表 2–20　　　　　　　　　钢材的拉伸和冲击性能

| 牌号 | 等级 | 屈服强度[①] $R_m$/(N/mm²)，≥ | | | | | | 抗拉强度[②] $R_m$/(N/mm²) | 断后伸长率 $A$(%)，≥ | | | | | 冲击试验（V型缺口） | |
|---|---|---|---|---|---|---|---|---|---|---|---|---|---|---|---|
| | | 厚度（或直径）/mm | | | | | | | 厚度（或直径）/mm | | | | | 温度/℃ | 冲击吸收功(纵向)/J 不小于 |
| | | ≤16 | >16~40 | >40~60 | >60~100 | >100~150 | >150~200 | | ≤40 | >40~60 | >60~100 | >100~150 | >150~200 | | |
| Q195 | — | 195 | 185 | — | — | — | — | 315~430 | 33 | — | — | — | — | — | — |
| Q215 | A | 215 | 205 | 195 | 185 | 175 | 165 | 335~450 | 31 | 30 | 29 | 27 | 26 | — | — |
| | B | | | | | | | | | | | | | +20 | 27 |

续表

| 牌号 | 等级 | 屈服强度[①] $R_m$/(N/mm²), ≥ | | | | | | 抗拉强度[②] $R_m$/(N/mm²) | 断后伸长率 $A$(%), ≥ | | | | | 冲击试验（V型缺口） | |
|---|---|---|---|---|---|---|---|---|---|---|---|---|---|---|---|
| | | 厚度（或直径）/mm | | | | | | | 厚度（或直径）/mm | | | | | 温度/℃ | 冲击吸收功（纵向）/J 不小于 |
| | | ≤16 | >16~40 | >40~60 | >60~100 | >100~150 | >150~200 | | ≤40 | >40~60 | >60~100 | >100~150 | >150~200 | | |
| Q235 | A | 235 | 225 | 215 | 215 | 195 | 185 | 370~500 | 26 | 25 | 24 | 22 | 21 | — | — |
| | B | | | | | | | | | | | | | +20 | 27[③] |
| | C | | | | | | | | | | | | | 0 | |
| | D | | | | | | | | | | | | | -20 | |
| Q275 | A | 275 | 265 | 255 | 245 | 225 | 215 | 410~540 | 22 | 21 | 20 | 18 | 17 | — | — |
| | B | | | | | | | | | | | | | +20 | 27 |
| | C | | | | | | | | | | | | | 0 | |
| | D | | | | | | | | | | | | | -20 | |

① Q195 的屈服强度值仅供参考，不作交货条件。

② 厚度大于 100mm 的钢材，抗拉强度下限允许降低 20N/mm²。宽带钢（包括剪切钢板）抗拉强度上限不作交货条件。

③ 厚度小于 25mm 的 Q235B 级钢材，如供方能保证冲击吸收功值合格，经需方同意，可不做检验。

表 2-21　　　　钢 材 的 弯 曲 性 能

| 牌　号 | 试样方向 | 冷弯试验180° $B=2a$[①] | |
|---|---|---|---|
| | | 钢材厚度（或直径）[②]/mm | |
| | | ≤60 | >60~100 |
| | | 弯心直径 $d$ | |
| Q195 | 纵 | 0 | — |
| | 横 | 0.5a | |
| Q215 | 纵 | 0.5a | 1.5a |
| | 横 | a | 2a |
| Q235 | 纵 | a | 2a |
| | 横 | 1.5a | 2.5a |
| Q275 | 纵 | 1.5a | 2.5a |
| | 横 | 2a | 3a |

① $B$ 为试样宽度，$a$ 为试样厚度（或直径）。

② 钢材厚度（或直径）大于 100mm 时，弯曲试验由双方协商确定。

② 用 Q195 和 Q235B 级沸腾钢轧制的钢材，其厚度（或直径）不大于 25mm。

③ 做拉伸和弯曲试验时，型钢和钢棒取纵向试样；钢板、钢带取横向试样，断后伸长率允许比表 2-20 降低 2%（绝对值）。窄钢带取横向试样如果受宽度限制时，可以取纵向试样。

④ 如供方能保证冷弯实验符合表 2−21 的规定，可不做检验。A 级钢冷弯实验合格时，抗拉强度上限可以不作为交货条件。

⑤ 厚度不小于 12mm 或直径不小于 16mm 的钢材应做冲击试验，试样尺寸为 10mm×10mm×55mm。经供需双方协议，厚度为 6～12mm 或直径为 12～16mm 的钢材可以做冲击试验，试样尺寸为 10mm×7.5mm×55mm 或 10mm×5mm×55mm 或 10mm×产品厚度×55mm。在 GB 700—2008 附录 A 中给出规定的冲击吸收功值，如：当采用 10mm×5mm×55mm 试样时，其试验结果应不小于规定值的 50%。

4）表面质量。钢材的表面质量应分别符合钢板、钢带、型钢和钢棒等有关产品标准的规定。

2. 低合金高强度结构钢

低合金高强度结构钢（图 2−7）比碳素结构钢含有更多合金属元素，属于低合金钢的范畴（其所含合金总量不超过 5%）。

经验指导：低合金高强度结构钢的强度比碳素结构钢的强度明显提高，从而使钢结构构件的承载力、刚度、稳定三个主要控制指标都能有充分发挥，尤其在大跨度或重负载结构中优点更为突出。在工程中，使用低合金高强度结构钢可比使用碳素结构钢节约 20%左右的用钢量。

图 2−7 低合金高强度结构钢

（1）牌号表示方法。按《低合金高强度结构钢》（GB/T 1591—2008），钢分为 5 个牌号，即 Q295、Q345、Q390、Q420、Q460。其中 Q345 最为常用，Q460 一般不用于建筑钢结构工程。

钢的牌号由代表屈服点的汉语拼音字母、屈服强度数值、质量等级符号 3 个部分组成。

例如：Q345D

Q——钢材屈服强度的"屈"字汉语拼音首位字母；

345——屈服强度数值，单位 MPa；

D——质量等级为 D 级。

当需方要求钢板具有厚度方向性能时，则在上述规定的牌号后加上代表厚度方向（Z 向）性能级别的符号，例如 Q345DZ15。

（2）技术要求。

1）钢的牌号和化学成分。

① 钢的牌号和化学成分（熔炼分析）应符合表 2−22 的规定。

表 2-22　　　　　　　　　　钢的牌号和化学成分

| 牌号 | 质量等级 | 化学成分①、②（质量分数）（%） | | | | | | | | | | | | | |
|---|---|---|---|---|---|---|---|---|---|---|---|---|---|---|---|
| | | C | Si | Mn | P | S | Nb | V | Ti | Cr | Ni | Cu | N | Mo | B | Als |
| | | | | | | | 不大于 | | | | | | | | | 不小于 |
| Q345 | A | ≤ 0.20 | ≤ 0.50 | ≤ 1.70 | 0.035 | 0.035 | 0.07 | 0.15 | 0.20 | 0.30 | 0.50 | 0.30 | 0.012 | 0.10 | — | — |
| | B | | | | 0.035 | 0.035 | | | | | | | | | | |
| | C | | | | 0.030 | 0.030 | | | | | | | | | | |
| | D | ≤ 0.18 | | | 0.030 | 0.025 | | | | | | | | | | 0.015 |
| | E | | | | 0.025 | 0.020 | | | | | | | | | | |
| Q390 | A | ≤ 0.20 | ≤ 0.50 | ≤ 1.70 | 0.035 | 0.035 | 0.07 | 0.20 | 0.20 | 0.30 | 0.50 | 0.30 | 0.015 | 0.10 | — | — |
| | B | | | | 0.035 | 0.035 | | | | | | | | | | |
| | C | | | | 0.030 | 0.030 | | | | | | | | | | |
| | D | | | | 0.030 | 0.025 | | | | | | | | | | 0.015 |
| | E | | | | 0.025 | 0.020 | | | | | | | | | | |
| Q420 | A | ≤ 0.20 | ≤ 0.50 | ≤ 1.70 | 0.035 | 0.035 | 0.07 | 0.20 | 0.20 | 0.30 | 0.80 | 0.30 | 0.015 | 0.20 | — | — |
| | B | | | | 0.035 | 0.035 | | | | | | | | | | |
| | C | | | | 0.030 | 0.030 | | | | | | | | | | |
| | D | | | | 0.030 | 0.025 | | | | | | | | | | 0.015 |
| | E | | | | 0.025 | 0.020 | | | | | | | | | | |
| Q460 | C | ≤ 0.20 | ≤ 0.60 | ≤ 1.80 | 0.030 | 0.030 | 0.11 | 0.20 | 0.20 | 0.30 | 0.80 | 0.55 | 0.015 | 0.20 | 0.004 | 0.015 |
| | D | | | | 0.030 | 0.025 | | | | | | | | | | |
| | E | | | | 0.025 | 0.020 | | | | | | | | | | |
| Q500 | C | ≤ 0.18 | ≤ 0.60 | ≤ 1.80 | 0.030 | 0.030 | 0.11 | 0.12 | 0.20 | 0.60 | 0.80 | 0.55 | 0.015 | 0.20 | 0.004 | 0.015 |
| | D | | | | 0.030 | 0.025 | | | | | | | | | | |
| | E | | | | 0.025 | 0.020 | | | | | | | | | | |
| Q550 | C | ≤ 0.18 | ≤ 0.60 | ≤ 2.00 | 0.030 | 0.030 | 0.11 | 0.12 | 0.20 | 0.80 | 0.80 | 0.80 | 0.015 | 0.30 | 0.004 | 0.015 |
| | D | | | | 0.030 | 0.025 | | | | | | | | | | |
| | E | | | | 0.025 | 0.020 | | | | | | | | | | |
| Q620 | C | ≤ 0.18 | ≤ 0.60 | ≤ 2.00 | 0.030 | 0.030 | 0.11 | 0.12 | 0.20 | 1.00 | 0.80 | 0.80 | 0.015 | 0.30 | 0.004 | 0.015 |
| | D | | | | 0.030 | 0.025 | | | | | | | | | | |
| | E | | | | 0.025 | 0.020 | | | | | | | | | | |
| Q690 | C | ≤ 0.18 | ≤ 0.60 | ≤ 2.00 | 0.030 | 0.030 | 0.11 | 0.12 | 0.20 | 1.00 | 0.80 | 0.80 | 0.015 | 0.30 | 0.004 | 0.015 |
| | D | | | | 0.030 | 0.025 | | | | | | | | | | |
| | E | | | | 0.025 | 0.020 | | | | | | | | | | |

① 型材及棒材 P、S 含量可提高 0.005%，其中 A 级钢上限可为 0.045%。

② 当细化晶粒元素组合加入时，20（Nb+V+Ti）≤0.22%，20（Mo+Cr）≤0.30%。

② 当需要加入细化晶粒元素时。钢中应至少含有 Al、Nb、V、Ti 中的一种。加入的细化晶粒元素应在质量证明书中注明含量。

③ 当采用全铝（$Al_t$）含量表示时，$Al_t$ 应不小于 0.020%。

④ 钢中氮元素含量应符合表 2–22 的规定，如供方保证，可不进行氮元素含量分析。如果钢中加入 Al、Nb、V、Ti 等具有固氮作用的合金元素，氮元素含量不作限制，固氮元素含量应在质量证明书中注明。

⑤ 各牌号的 Cr、Ni、Cu 作为残余元素时，其含量各不大于 0.30%。如供方保证，可不做分析，当需要加入时，其含量应符合表 2–22 的规定或由供需双方协议规定。

⑥ 为改善钢的性能，可加入 RE 元素时，其加入量按钢水重量的 0.02%～0.20%计算。

⑦ 在保证钢材力学性能符合标准 GB/T 1591—2008 规定的情况下，各牌号 A 级钢的 C、Si、Mn 化学成分可不作交货条件。

⑧ 各牌号除 A 级钢以外的钢材，当以热轧、控轧状态交货时，其最大碳当量值应符合表 2–23 的规定；当以正火、正火轧制、正火加回火状态交货时，其最大碳当量值应符合表 2–24 的规定；当以热机械轧制（TMCP）或热机械轧制加回火状态交货时，其最大碳当量值应符合表 2–25 的规定。碳当量（CEV）应由熔炼分析成分，并采用式（2–1）计算。

$$CEV = C + Mn/6 + (Cr + Mo + V)/5 + (Ni + Cu)/15 \qquad (2-1)$$

表 2–23　　　　热轧、控轧状态交货钢材的碳当量

| 牌　号 | 碳当量（CEV）（%） | | |
| --- | --- | --- | --- |
| | 公称厚度或直径≤63mm | 公称厚度或直径>63～250mm | 公称厚度>250mm |
| Q345 | ≤0.44 | ≤0.47 | ≤0.47 |
| Q390 | ≤0.45 | ≤0.48 | ≤0.48 |
| Q420 | ≤0.45 | ≤0.48 | ≤0.48 |
| Q460 | ≤0.46 | ≤0.49 | — |

表 2–24　　　正火、正火轧制、正火加回火状态交货钢材的碳当量

| 牌　号 | 碳当量（CEV）（%） | | |
| --- | --- | --- | --- |
| | 公称厚度≤63mm | 公称厚度>63～120mm | 公称厚度>120～250mm |
| Q345 | ≤0.45 | ≤0.48 | ≤0.48 |
| Q390 | ≤0.46 | ≤0.48 | ≤0.49 |
| Q420 | ≤0.48 | ≤0.50 | ≤0.52 |
| Q460 | ≤0.53 | ≤0.54 | ≤0.55 |

表 2-25　　　　热机械轧制（TMCP）或热机械轧制加
回火状态交货钢材的碳当量

| 牌　号 | 碳当量（CEV）（%） | | |
|---|---|---|---|
| | 公称厚度≤63mm | 公称厚度>63~120mm | 公称厚度>120~150mm |
| Q345 | ≤0.44 | ≤0.45 | ≤0.45 |
| Q390 | ≤0.46 | ≤0.47 | ≤0.47 |
| Q420 | ≤0.46 | ≤0.47 | ≤0.47 |
| Q460 | ≤0.47 | ≤0.48 | ≤0.48 |
| Q500 | ≤0.47 | ≤0.48 | ≤0.48 |
| Q550 | ≤0.47 | ≤0.48 | ≤0.48 |
| Q620 | ≤0.48 | ≤0.49 | ≤0.49 |
| Q690 | ≤0.49 | ≤0.49 | ≤0.49 |

⑨ 热机械轧制（TMCP）或热机械轧制加回火状态交货钢材的碳当量不大于 0.12%时，可采用焊接裂纹敏感性指数（$P_{cm}$）代替碳当量评估钢材的可焊性。$P_{cm}$ 应由熔炼分析成分并采用式（2-2）计算，其值应符合表 2-26 的规定。

$$P_{cm} = C + Si/30 + Mn/20 + Cu/20 + Ni/60 + Cr/20 + Mo/15 + V/10 + 5B \quad (2-2)$$

表 2-26　　　　热机械轧制（TMCP）或热机械轧制加
回火状态交货钢材 $P_{cm}$ 值

| 牌　号 | $P_{cm}$（%） | 牌　号 | $P_{cm}$（%） |
|---|---|---|---|
| Q345 | ≤0.20 | Q500 | ≤0.25 |
| Q390 | ≤0.20 | Q550 | ≤0.25 |
| Q420 | ≤0.20 | Q620 | ≤0.25 |
| Q460 | ≤0.20 | Q690 | ≤0.25 |

⑩ 钢材、钢坯的化学成分允许偏差应符合《钢的成品化学成分允许偏差》（GB/T 222—2006）的规定。

2）交货状态。钢材以热轧、控轧、正火、正火轧制或正火加回火、热机械轧制（TMCP）或热机械轧制加回火状态交货。

3）力学性能和工艺性能。

① 钢材拉伸试验性能应符合表 2-27 的规定。

**表 2-27　钢材的拉伸性能①、②、③**

| 牌号 | 质量等级 | 拉伸试验 下屈服强度 $R_{eL}$/MPa 以下公称厚度（直径，边长） | | | | | | | | | 抗拉强度 $R_m$/MPa 以下公称厚度（直径，边长） | | | | | | | 断后伸长率 $A$（%） 公称厚度（直径，边长） | | | | | |
|---|---|---|---|---|---|---|---|---|---|---|---|---|---|---|---|---|---|---|---|---|---|---|---|
| | | ≤16mm | >16~40mm | >40~63mm | >63~80mm | >80~100mm | >100~150mm | >150~200mm | >200~250mm | >250~400mm | ≤40mm | >40~63mm | >63~80mm | >80~100mm | >100~150mm | >150~250mm | >250~400mm | ≤40mm | >40~63mm | >63~100mm | >100~150mm | >150~250mm | >250~400mm |
| Q345 | A | ≥345 | ≥335 | ≥325 | ≥315 | ≥305 | ≥285 | ≥275 | ≥265 | — | 470~530 | 470~530 | 470~530 | 470~530 | 450~600 | 450~600 | — | ≥20 | ≥19 | ≥19 | ≥18 | ≥17 | — |
| | B | ≥345 | ≥335 | ≥325 | ≥315 | ≥305 | ≥285 | ≥275 | ≥265 | — | 470~530 | 470~530 | 470~530 | 470~530 | 450~600 | 450~600 | — | ≥20 | ≥19 | ≥19 | ≥18 | ≥17 | — |
| | C | ≥345 | ≥335 | ≥325 | ≥315 | ≥305 | ≥285 | ≥275 | ≥265 | ≥265 | 470~530 | 470~530 | 470~530 | 470~530 | 450~600 | 450~600 | 450~600 | ≥21 | ≥20 | ≥20 | ≥19 | ≥18 | ≥17 |
| | D | ≥345 | ≥335 | ≥325 | ≥315 | ≥305 | ≥285 | ≥275 | ≥265 | ≥265 | 470~530 | 470~530 | 470~530 | 470~530 | 450~600 | 450~600 | 450~600 | ≥21 | ≥20 | ≥20 | ≥19 | ≥18 | ≥17 |
| | E | ≥345 | ≥335 | ≥325 | ≥315 | ≥305 | ≥285 | ≥275 | ≥265 | ≥265 | 470~530 | 470~530 | 470~530 | 470~530 | 450~600 | 450~600 | 450~600 | ≥21 | ≥20 | ≥20 | ≥19 | ≥18 | ≥17 |
| Q390 | A | ≥390 | ≥370 | ≥350 | ≥330 | ≥330 | ≥310 | — | — | — | 490~650 | 490~650 | 490~650 | 490~650 | 470~620 | — | — | ≥20 | ≥19 | ≥19 | ≥18 | — | — |
| | B | ≥390 | ≥370 | ≥350 | ≥330 | ≥330 | ≥310 | — | — | — | 490~650 | 490~650 | 490~650 | 490~650 | 470~620 | — | — | ≥20 | ≥19 | ≥19 | ≥18 | — | — |
| | C | ≥390 | ≥370 | ≥350 | ≥330 | ≥330 | ≥310 | — | — | — | 490~650 | 490~650 | 490~650 | 490~650 | 470~620 | — | — | ≥20 | ≥19 | ≥19 | ≥18 | — | — |
| | D | ≥390 | ≥370 | ≥350 | ≥330 | ≥330 | ≥310 | — | — | — | 490~650 | 490~650 | 490~650 | 490~650 | 470~620 | — | — | ≥20 | ≥19 | ≥19 | ≥18 | — | — |
| | E | ≥390 | ≥370 | ≥350 | ≥330 | ≥330 | ≥310 | — | — | — | 490~650 | 490~650 | 490~650 | 490~650 | 470~620 | — | — | ≥20 | ≥19 | ≥19 | ≥18 | — | — |
| Q420 | A | ≥420 | ≥400 | ≥380 | ≥360 | ≥360 | ≥340 | — | — | — | 520~680 | 520~680 | 520~680 | 520~680 | 500~650 | — | — | ≥19 | ≥18 | ≥18 | ≥18 | — | — |
| | B | ≥420 | ≥400 | ≥380 | ≥360 | ≥360 | ≥340 | — | — | — | 520~680 | 520~680 | 520~680 | 520~680 | 500~650 | — | — | ≥19 | ≥18 | ≥18 | ≥18 | — | — |
| | C | ≥420 | ≥400 | ≥380 | ≥360 | ≥360 | ≥340 | — | — | — | 520~680 | 520~680 | 520~680 | 520~680 | 500~650 | — | — | ≥19 | ≥18 | ≥18 | ≥18 | — | — |
| | D | ≥420 | ≥400 | ≥380 | ≥360 | ≥360 | ≥340 | — | — | — | 520~680 | 520~680 | 520~680 | 520~680 | 500~650 | — | — | ≥19 | ≥18 | ≥18 | ≥18 | — | — |
| | E | ≥420 | ≥400 | ≥380 | ≥360 | ≥360 | ≥340 | — | — | — | 520~680 | 520~680 | 520~680 | 520~680 | 500~650 | — | — | ≥19 | ≥18 | ≥18 | ≥18 | — | — |

续表

| 牌号 | 质量等级 | 拉伸试验[①][②][③] | | | | | | | | | | | | | | | | | | | | | |
| --- | --- | --- | --- | --- | --- | --- | --- | --- | --- | --- | --- | --- | --- | --- | --- | --- | --- | --- | --- | --- | --- | --- | --- |
| | | 以下公称厚度（直径，边长）下屈服强度 $R_{eL}$/MPa | | | | | | | | | 以下公称厚度（直径，边长）抗拉强度 $R_m$/MPa | | | | | | | 断后伸长率 $A$（%） 公称厚度（直径，边长） | | | | | |
| | | ≤16mm | >16~40mm | >40~63mm | >63~80mm | >80~100mm | >100~150mm | >150~200mm | >200~250mm | >250~400mm | ≤40mm | >40~63mm | >63~80mm | >80~100mm | >100~150mm | >150~250mm | >250~400mm | ≤40mm | >40~63mm | >63~100mm | >100~150mm | >150~250mm | >250~400mm |
| Q460 | C | ≥460 | ≥440 | ≥420 | ≥400 | ≥400 | ≥380 | — | — | — | 550~720 | 550~720 | 550~720 | 550~720 | 530~700 | — | — | ≥17 | ≥16 | ≥16 | ≥16 | — | — |
| | D | | | | | | | | | | | | | | | | | | | | | | |
| | E | | | | | | | | | | | | | | | | | | | | | | |
| Q500 | C | ≥500 | ≥480 | ≥470 | ≥450 | ≥440 | — | — | — | — | 610~770 | 600~760 | 590~750 | 540~730 | — | — | — | ≥17 | ≥17 | ≥17 | — | — | — |
| | D | | | | | | | | | | | | | | | | | | | | | | |
| | E | | | | | | | | | | | | | | | | | | | | | | |
| Q550 | C | ≥550 | ≥530 | ≥520 | ≥500 | ≥490 | — | — | — | — | 670~830 | 620~810 | 600~790 | 590~780 | — | — | — | ≥16 | ≥16 | ≥16 | — | — | — |
| | D | | | | | | | | | | | | | | | | | | | | | | |
| | E | | | | | | | | | | | | | | | | | | | | | | |
| Q620 | C | ≥620 | ≥600 | ≥590 | ≥570 | — | — | — | — | — | 710~880 | 690~880 | 670~860 | — | — | — | — | ≥15 | ≥15 | ≥15 | — | — | — |
| | D | | | | | | | | | | | | | | | | | | | | | | |
| | E | | | | | | | | | | | | | | | | | | | | | | |
| Q690 | C | ≥690 | ≥670 | ≥660 | ≥640 | — | — | — | — | — | 770~940 | 750~920 | 730~900 | — | — | — | — | ≥14 | ≥14 | ≥14 | — | — | — |
| | D | | | | | | | | | | | | | | | | | | | | | | |
| | E | | | | | | | | | | | | | | | | | | | | | | |

① 当屈服不明显时，可测量 $R_{p0.3}$ 代替下屈服强度。

② 宽度不小于600mm扁平材，拉伸试验取横向试样，宽度小于600mm的扁平材、型材及棒材取纵向试样，断后伸长率最小值相应提高1%（绝对值）。

③ 厚度大于250~400mm的数值适用于扁平材。

② 夏比（V 形）冲击试验。

a. 钢材的夏比（V 形）冲击试验的试验温度和冲击吸收能量应符合表 2-28 的规定。

表 2-28　　　　　夏比（V 形）冲击试验的试验温度和冲击吸收能量

| 牌号 | 质量等级 | 试验温度/℃ | 冲击吸收能量 $KV_2^{①}$/J | | |
|---|---|---|---|---|---|
| | | | 公称厚度（直径、边长） | | |
| | | | 12～150mm | >150～250mm | >250～400mm |
| Q345 | B | 20 | ≥34 | ≥27 | — |
| | C | 0 | | | |
| | D | −20 | | | 27 |
| | E | −40 | | | |
| Q390 | B | 20 | ≥34 | — | — |
| | C | 0 | | | |
| | D | −20 | | | |
| | E | −40 | | | |
| Q420 | B | 20 | ≥34 | | |
| | C | 0 | | | |
| | D | −20 | | | |
| | E | −40 | | | |
| Q460 | C | 0 | ≥34 | — | — |
| | D | −20 | | | |
| | E | −40 | | | |
| Q500、Q550、Q620、Q690 | C | 0 | ≥55 | — | — |
| | D | −20 | ≥47 | | |
| | E | −40 | ≥31 | | |

① 冲击试验取纵向试样。

b. 厚度不小于 6mm 或直径不小于 12mm 的钢材应做冲击试验，冲击试样尺寸取 10mm×10mm×55mm 的标准试样；当钢材不足以制取标准试样时，应采用 10mm×7.5mm×55mm 或 10mm×5mm×55mm 小尺寸试样，冲击吸收能量应分别为不小于表 2-28 的规定值的 75% 或 50%，优先采用较大尺寸的试样。

c. 钢材的冲击试验结果按一组 3 个试样的算术平均值进行计算，允许其中有 1 个实验值低于规定值，但不低于规定值的 70%，否则，应从同一抽样产品上再取 3 个试样进行试验，先后 6 个试样试验结果的算术平均值不得低于规定值，允许有 2 个试样的试验结果低于规定值，但其中低于规定值 70%的试样只允许有一个。

d. Z 向钢厚度方向的断面收缩率应符合《厚度方向性能钢板》（GB/T 5313—2010）的规定。

e. 当需方要求做弯曲试验时，弯曲试验应符合表 2-29 的规定。当供方保证弯曲合格时，可不做弯曲试验。

表 2-29　　　　　　　　弯　曲　试　验

| 牌号 | 试样方向 | 180°弯曲试验 [$d$=弯心直径，$a$=试样厚度（直径）] | |
| --- | --- | --- | --- |
| | | 钢材厚度（直径，边长） | |
| | | ≤16mm | >16~100mm |
| Q345 Q390 Q420 Q460 | 宽度不小于 600mm 扁平材，拉伸试验取横向试样。宽度小于 600mm 的扁平材、型材及棒材取纵向试样 | 2$a$ | 3$a$ |

图 2-8　优质碳素结构钢

**3. 优质碳素结构钢**

优质碳素结构钢（图 2-8）的价格较贵，一般仅作为钢结构的管状杆件（无缝钢管）使用。特殊情况下的少量应用一般发生在因材料规格欠缺而导致的材料代用，属于以优代劣。

（1）分类及代号。

1）优质碳素结构钢按冶金质量等级分为：① 高级优质钢 A；② 特级优质钢 E。

2）按加工方法分为：① 压力加工用钢 UP；② 热压力加工用钢 UHP；③ 顶锻用钢 UF；④ 冷拔坯料用钢 UCD；⑤ 切削加工用钢 UC。

3）优质碳素结构钢共有 31 个牌号。

（2）技术要求。

1）牌号、代号及化学成分。

① 钢的牌号、统一数字代号及化学成分（熔炼分析）应符合表 2-30 的规定。

表 2-30 钢 的 化 学 成 分

| 序号 | 统一数字代号 | 牌号 | 化学成分（%） | | | | | |
|---|---|---|---|---|---|---|---|---|
| | | | C | Si | Mn | Cr | Ni | Cu |
| | | | | | | ≤ | | |
| 1 | U20080 | 08F | 0.05～0.11 | ≤0.03 | 0.25～0.50 | 0.10 | 0.30 | 0.25 |
| 2 | U20100 | 10F | 0.07～0.13 | ≤0.07 | 0.25～0.50 | 0.15 | 0.30 | 0.25 |
| 3 | U20130 | 15F | 0.12～0.18 | ≤0.07 | 0.25～0.50 | 0.25 | 0.30 | 0.25 |
| 4 | U20082 | 08 | 0.05～0.11 | 0.17～0.37 | 0.35～0.65 | 0.10 | 0.30 | 0.25 |
| 5 | U20102 | 10 | 0.07～0.13 | 0.17～0.37 | 0.35～0.65 | 0.15 | 0.30 | 0.25 |
| 6 | U20152 | 15 | 0.12～0.18 | 0.17～0.37 | 0.35～0.65 | 0.25 | 0.30 | 0.25 |
| 7 | U20202 | 20 | 0.17～0.23 | 0.17～0.37 | 0.35～0.65 | 0.25 | 0.30 | 0.25 |
| 8 | U20252 | 25 | 0.22～0.29 | 0.17～0.37 | 0.50～0.80 | 0.25 | 0.30 | 0.25 |
| 9 | U20302 | 30 | 0.27～0.34 | 0.17～0.37 | 0.50～0.80 | 0.25 | 0.30 | 0.25 |
| 10 | U20352 | 35 | 0.32～0.39 | 0.17～0.37 | 0.50～0.80 | 0.25 | 0.30 | 0.25 |
| 11 | U20402 | 40 | 0.37～0.44 | 0.17～0.37 | 0.50～0.80 | 0.25 | 0.30 | 0.25 |
| 12 | U20452 | 45 | 0.42～0.50 | 0.17～0.37 | 0.50～0.80 | 0.25 | 0.30 | 0.25 |
| 13 | U20502 | 50 | 0.47～0.55 | 0.17～0.37 | 0.50～0.80 | 0.25 | 0.30 | 0.25 |
| 14 | U20552 | 55 | 0.52～0.60 | 0.17～0.37 | 0.50～0.80 | 0.25 | 0.30 | 0.25 |
| 15 | U20602 | 60 | 0.57～0.65 | 0.17～0.37 | 0.50～0.80 | 0.25 | 0.30 | 0.25 |
| 16 | U20652 | 65 | 0.62～0.70 | 0.17～0.37 | 0.50～0.80 | 0.25 | 0.30 | 0.25 |
| 17 | U20702 | 70 | 0.67～0.75 | 0.17～0.37 | 0.50～0.80 | 0.25 | 0.30 | 0.25 |
| 18 | U20752 | 75 | 0.72～0.80 | 0.17～0.37 | 0.50～0.80 | 0.25 | 0.30 | 0.25 |
| 19 | U20802 | 80 | 0.77～0.85 | 0.17～0.37 | 0.50～0.80 | 0.25 | 0.30 | 0.25 |
| 20 | U20852 | 85 | 0.82～0.90 | 0.17～0.37 | 0.50～0.80 | 0.25 | 0.30 | 0.25 |
| 21 | U21152 | 15Mn | 0.12～0.18 | 0.17～0.37 | 0.70～1.00 | 0.25 | 0.30 | 0.25 |
| 22 | U21202 | 20Mn | 0.17～0.23 | 0.17～0.37 | 0.70～1.00 | 0.25 | 0.30 | 0.25 |
| 23 | U21252 | 25Mn | 0.22～0.29 | 0.17～0.37 | 0.70～1.00 | 0.25 | 0.30 | 0.25 |
| 24 | U21302 | 30Mn | 0.27～0.34 | 0.17～0.37 | 0.70～1.00 | 0.25 | 0.30 | 0.25 |
| 25 | U21352 | 35Mn | 0.32～0.39 | 0.17～0.37 | 0.70～1.00 | 0.25 | 0.30 | 0.25 |
| 26 | U21402 | 40Mn | 0.37～0.44 | 0.17～0.37 | 0.70～1.00 | 0.25 | 0.30 | 0.25 |
| 27 | U21452 | 45Mn | 0.42～0.50 | 0.17～0.37 | 0.70～1.00 | 0.25 | 0.30 | 0.25 |

续表

| 序号 | 统一数字代号 | 牌号 | 化学成分（%） | | | | | |
|------|------|------|------|------|------|------|------|------|
| | | | C | Si | Mn | Cr | Ni | Cu |
| | | | | | | ≤ | | |
| 28 | U21502 | 50Mn | 0.48～0.56 | 0.17～0.37 | 0.70～1.00 | 0.25 | 0.30 | 0.25 |
| 29 | U21602 | 60Mn | 0.57～0.65 | 0.17～0.37 | 0.70～1.00 | 0.25 | 0.30 | 0.25 |
| 30 | U21652 | 65Mn | 0.62～0.70 | 0.17～0.37 | 0.90～1.20 | 0.25 | 0.30 | 0.25 |
| 31 | U21702 | 70Mn | 0.67～0.75 | 0.17～0.37 | 0.90～1.20 | 0.25 | 0.30 | 0.25 |

注：表中所列牌号为优质钢。如果是高级优质钢，在牌号后面加"A"（统一数字代号最后一位数字改为"3"）；如果是特级优质钢，在牌号后面加"E"（统一数字代号最后一位数字改为"6"）；对于沸腾钢，牌号后面为"F"（统一数字代号最后一位数字为"0"）；对于半镇静钢，牌号后面为"b"（统一数字代号最后一位数字为"1"）。

钢的硫、磷含量应符合表 2–31 的规定。

表 2–31                  优质碳素钢的硫、磷含量

| 组 别 | P | S |
|------|------|------|
| | ≤ (%) | |
| 优质钢 | 0.035 | 0.035 |
| 高级优质钢 | 0.030 | 0.030 |
| 特级优质钢 | 0.025 | 0.020 |

② 使用废钢冶炼的钢的允许含铜量不大于 0.30%。

③ 热压力加工用钢的含铜量应不大于 0.20%。

④ 铅浴淬火（派登脱）钢丝用的 35～85 钢的锰含量为 0.30%～0.60%；铬含量不大于 0.10%，镍含量不大于 0.15%，铜含量不大于 0.20%；硫、磷含量应符合钢丝标准要求。

⑤ 08 钢用铝脱氧冶炼镇静钢，锰含量下限为 0.25%，硅含量不大于 0.03%，铝含量为 0.02%～0.07%。此时钢的牌号为 08A1。

⑥ 冷冲压用沸腾钢的含硅量不大于 0.03%。

⑦ 氧气转炉冶炼钢的含氮量应不大于 0.008%。供方能保证合格时，可不做分析。

⑧ 经供需双方协议，08～25 钢可供应硅含量不大于 0.17%的半镇静钢，其牌号为 08b～25b。

2）力学性能。

① 用热处理（正火）毛坯制成的试样测定钢材的纵向力学性能（不包括冲击吸收功）应符合表 2–32 的规定，以热轧或热锻状态交货的钢材，如供方能保证力学性能合格时，可不进行试验。

根据需方要求，用热处理（淬火+回火）毛坯制成试样测定 25～50、25Mn 钢的冲击吸收功应符合表 2–32 的规定。

直径大于 16mm 的圆钢和厚度不大于 12mm 的方钢、扁钢，不做冲击试验。

② 表 2–32 所列力学性能仅适用于截面尺寸不大于 80mm 的钢材。对大于 80mm 的钢材，允许其断后伸长率、断面收缩率比表 2–12 的规定分别降低 2%（绝对值）及 5%（绝对值）。

用尺寸大于 80～120mm 的钢材改锻（轧）成 70～80mm 的试料取样检验时，其试验结果应符合表 2–32 的规定。

用尺寸大于 120～250mm 的钢材改锻（轧）成 90～100mm 的试料取样检验时，其试验结果应符合表 2–32 的规定。

③ 切削加工用钢材或冷拔坯料用钢材交货状态硬度应符合表 2–32 的规定。不退火钢的硬度，供方若能保证合格时，可不做检验。高温回火或正火后的硬度指标，由供需双方协商确定。

表 2–32　　　　　　　　　　　优质碳素钢的力学性能

| 序号 | 牌号 | 试样毛坯尺寸/mm | 推荐热处理/℃ | | | 力学性能 | | | | | 钢材交货状态硬度 HBW10/3000≤ | |
| | | | 正火 | 淬火 | 回火 | $\sigma_b$/MPa | $\sigma_a$/MPa | $\delta_s$(%) | $\phi$(%) | $A_{kvz}$/J | 未热处理钢 | 退火钢 |
| | | | | | | ≥ | | | | | | |
| 1 | 08F | 25 | 930 | — | — | 295 | 175 | 35 | 60 | — | 131 | |
| 2 | 10F | 25 | 930 | — | — | 315 | 185 | 33 | 55 | — | 137 | |
| 3 | 15F | 25 | 920 | — | — | 355 | 205 | 29 | 55 | — | 143 | |
| 4 | 08 | 25 | 930 | — | — | 325 | 195 | 33 | 60 | — | 131 | |
| 5 | 10 | 25 | 930 | — | — | 335 | 205 | 31 | 55 | — | 137 | |
| 6 | 15 | 25 | 920 | — | — | 375 | 225 | 27 | 55 | — | 143 | |
| 7 | 20 | 25 | 910 | — | — | 410 | 245 | 25 | 55 | — | 156 | |
| 8 | 25 | 25 | 900 | 870 | 600 | 450 | 275 | 23 | 50 | 71 | 170 | — |
| 9 | 30 | 25 | 880 | 860 | 600 | 490 | 295 | 21 | 50 | 63 | 179 | — |
| 10 | 35 | 25 | 870 | 850 | 600 | 530 | 315 | 20 | 45 | 55 | 197 | — |
| 11 | 40 | 25 | 860 | 840 | 600 | 570 | 335 | 19 | 45 | 47 | 217 | 187 |
| 12 | 45 | 25 | 850 | 840 | 600 | 600 | 355 | 16 | 40 | 39 | 229 | 197 |

续表

| 序号 | 牌号 | 试样毛坯尺寸/mm | 推荐热处理/℃ | | | 力学性能 | | | | | 钢材交货状态硬度 HBW10/3000≤ | |
|---|---|---|---|---|---|---|---|---|---|---|---|---|
| | | | 正火 | 淬火 | 回火 | $\sigma_b$/MPa | $\sigma_a$/MPa | $\delta_s$(%) | $\phi$(%) | $A_{kvz}$/J | 未热处理钢 | 退火钢 |
| | | | | | | ≥ | | | | | | |
| 13 | 50 | 25 | 830 | 830 | 600 | 630 | 375 | 14 | 40 | 31 | 241 | 207 |
| 14 | 55 | 25 | 820 | 820 | 600 | 645 | 380 | 13 | 35 | — | 255 | 217 |
| 15 | 60 | 25 | 810 | — | — | 675 | 400 | 12 | 35 | — | 255 | 229 |
| 16 | 65 | 25 | 810 | — | — | 695 | 410 | 10 | 30 | — | 255 | 229 |
| 17 | 70 | 25 | 790 | — | — | 715 | 420 | 9 | 30 | — | 269 | 229 |
| 18 | 75 | 试样 | — | 820 | 480 | 1080 | 880 | 7 | 30 | — | 285 | 241 |
| 19 | 80 | 试样 | — | 820 | 480 | 1080 | 930 | 6 | 30 | — | 285 | 241 |
| 20 | 85 | 试样 | — | 820 | 480 | 1130 | 980 | 6 | 30 | — | 302 | 255 |
| 21 | 15Mn | 25 | 920 | — | — | 410 | 245 | 26 | 55 | — | 163 | |
| 22 | 20Mn | 25 | 910 | — | — | 450 | 275 | 24 | 50 | — | 197 | |
| 23 | 25Mn | 25 | 900 | 870 | 600 | 490 | 295 | 22 | 50 | 71 | 207 | |
| 24 | 30Mn | 25 | 880 | 860 | 600 | 540 | 315 | 20 | 45 | 63 | 217 | 187 |
| 25 | 35Mn | 25 | 870 | 850 | 600 | 560 | 335 | 18 | 45 | 55 | 229 | 197 |
| 26 | 40Mn | 25 | 860 | 840 | 600 | 590 | 355 | 17 | 45 | 47 | 229 | 207 |
| 27 | 45Mn | 25 | 850 | 840 | 600 | 620 | 375 | 15 | 40 | 39 | 241 | 217 |
| 28 | 50Mn | 25 | 830 | 830 | 600 | 645 | 390 | 13 | 40 | 31 | 255 | 217 |
| 29 | 60Mn | 25 | 810 | — | — | 695 | 410 | 11 | 35 | — | 269 | 229 |
| 30 | 65Mn | 25 | 830 | — | — | 735 | 430 | 9 | 30 | — | 285 | 229 |
| 31 | 70Mn | 25 | 790 | — | — | 785 | 450 | 8 | 30 | — | 285 | 229 |

注：1. 对于直径或厚度小于 25mm 的钢材，热处理是在与成品截面尺寸相同的试样毛坯上进行。

2. 表中所列正火推荐保温时间不少于 30min，空冷；淬火推荐保温时间不少于 30min，70、80 和 85 钢箔冷，其余钢水冷；回火推荐保温时间不少于 1h。

3）顶锻。

① 顶锻用钢应进行顶锻试验，并在合同中注明热顶锻或冷顶锻。

② 对于尺寸大于 80mm 且要求热顶锻的钢材或尺寸大于 30mm 且要求冷顶锻的钢材，如供方能保证顶锻试验合格时，可不进行试验。

4）低倍组织。

① 镇静钢钢材的横截面积酸浸低倍组织试片上不得有目视可见的缩孔、气泡、裂纹、夹杂、翻皮和白点。供切削加工用的钢材允许有不超过表面缺陷深度的皮下夹杂等缺陷。

② 酸浸低倍组织应符合表 2–33 的规定。

**表 2–33　　　　　　　　　酸 浸 低 倍 组 织**

| 质量等级 | 一般疏松 | 中心疏松 | 锭型偏析 |
|---|---|---|---|
| | 级别　≤ | | |
| 优质钢 | 3.0 | 3.0 | 3.0 |
| 高级优质钢 | 2.5 | 2.5 | 2.5 |
| 特级优质钢 | 2.0 | 2.0 | 2.0 |

③ 如供方能保证低倍组织检验合格，允许采用《钢的低倍缺陷超声波检验方法》（GB/T 7736—2008）标准规定的超声波探伤法或其他无损探伤法代替低倍检验。

5）非金属夹杂物。根据需方要求，可检验钢的非金属夹杂物，其合格级别由供需双方协商规定。

6）脱碳层。根据需方要求，对公称碳含量大于 0.30% 的钢材检验脱碳层时，每边总脱碳层深度（铁素体+过渡层）应符合表 2–34 的规定。需方应在合同中注明组别。

**表 2–34　　　　　　　钢材允许脱碳层深度**　　　　　　　（单位：mm）

| 组　　别 | 允许总脱碳层深度　≤ |
|---|---|
| 第 I 组 | 1.0%D |
| 第 II 组 | 1.5%D |

注：$D$ 为钢材公称直径或厚度。

7）表面质量。

① 压力加工用钢材的表面质量不得有目视可见的裂纹、结疤、折叠及夹杂。如有上述缺陷，必须清除。清除深度从钢材实际尺寸算起应符合表 2–35 的规定。清除宽度不小于深度的 5 倍。对直径或边长大于 140mm 的钢材，在同一截面的最大清除深度不得多于 2 处。允许有从实际尺寸算起，不超过尺寸公差之半的个别细小划痕、压痕、麻点及深度不超过 0.2mm 的小裂纹存在。

**表 2–35　　　　　　　钢材允许缺陷清除深度**　　　　　　　（单位：mm）

| 钢材公称尺寸（直径或厚度） | 允许缺陷清除深度 |
|---|---|
| ＜80 | 钢材公称尺寸公差的 1/2 |
| 80～140 | 钢材公称尺寸公差 |
| ＞140～200 | 钢材公称尺寸的 5% |
| ＞200 | 钢材公称尺寸的 6% |

② 切削加工用钢材的表面允许有从钢材公称尺寸算起，深度不超过表 2-36 规定的局部缺陷。

表 2-36　　　　　　　钢材局部缺陷允许深度　　　　　（单位：mm）

| 钢材公称尺寸（直径或厚度） | 局部缺陷允许深度≤ |
|---|---|
| ＜100 | 钢材公称尺寸的负偏差 |
| ≥100 | 钢材公称尺寸的公差 |

4. 钢铸件

（1）牌号。建筑钢结构，尤其在大跨度情况下，有时需用铸钢件支座。按《钢结构设计规范》（GB 50017—2003）的规定，铸钢材质应符合《一般工程用铸造碳钢件》（GB/T 11352—2009）的规定，所包括的铸钢牌号有五种：ZG 200-400、ZG 230-450、ZG 270-500、ZG 310-570 和 ZG 340-640。牌号中的前两个字母表示铸钢，后两个数字分别代表铸件钢的屈服强度和抗拉强度。

（2）技术要求。

1）化学成分。各牌号的化学成分应符合表 2-37 的规定。

表 2-37　　　　　　　　　化 学 成 分　　　　　　　　（%）

| 牌号 | C | Si | Mn | S | P | 残 余 元 素 | | | | | |
|---|---|---|---|---|---|---|---|---|---|---|---|
| | | | | | | Ni | Cr | Cu | Mo | V | 残余元素总量 |
| ZG 200-400 | 0.20 | | 0.80 | | | | | | | | |
| ZG 230-450 | 0.30 | | | | | | | | | | |
| ZG 270-500 | 0.40 | 0.60 | | 0.035 | 0.035 | 0.40 | 0.35 | 0.40 | 0.20 | 0.05 | 1.00 |
| ZG 310-570 | 0.50 | | 0.90 | | | | | | | | |
| ZG 340-640 | 0.60 | | | | | | | | | | |

注：1. 对上限减少 0.01% 的碳，允许增加 0.04% 的锰，对 ZG 200-400 的锰最高至 1.00%，其余四个牌号锰最高至 1.20%。

2. 除另有规定外，残余元素不作为验收依据。

2）力学性能。各牌号的力学性能应符合表 2-38 的规定，其中断面收缩率和冲击吸收功，如需方无要求时，由供方选择其一。

表 2-38　　　　　　　　　　　力　学　性　能

| 牌号 | 屈服强度 $R_{eH}$（$R_{p0.2}$）/MPa | 抗拉强度 $R_m$/MPa | 伸长率 $A_s$（%） | 根据合同选择 | | |
|---|---|---|---|---|---|---|
| | | | | 断面收缩率 $Z$（%） | 冲击吸收功 $A_{KV}$/J | 冲击韧度 $A_{KU}$/J |
| ZG 200-400 | 200 | 400 | 25 | 40 | 30 | 47 |
| ZG 230-450 | 230 | 450 | 22 | 32 | 25 | 35 |
| ZG 270-500 | 270 | 500 | 18 | 25 | 22 | 27 |
| ZG 310-570 | 310 | 570 | 15 | 21 | 15 | 24 |
| ZG 340-640 | 340 | 640 | 10 | 18 | 10 | 15 |

注：1. 表中所列的各牌号性能，适应于厚度为 100mm 以下的铸件。当铸件厚度超过 100mm 时，表中规定的 $R_{eH}$（$R_{p0.2}$）屈服强度仅供设计使用。

　　2. 表中冲击吸收功 $A_{KU}$ 的试样缺口为 2mm。

3）热处理。

① 除另有规定外，热处理工艺由供方自行决定。

② 铸钢件的热处理按《钢件的正火与退火》（GB/T 16923—2008）《钢件的淬火与回火》（GB/T 16924—2008）的规定执行。

4）表面质量。铸件表面粗糙度应符合图样或订货协定。铸件表面不应存在影响使用的缺陷。

5）几何形状、尺寸、尺寸公差和加工余量。铸件几何形状、尺寸、尺寸公差和加工余量应符合图样或订货协定，如无图样或订货协定，铸件应符合《铸件 尺寸公差与机械加工余量》（GB/T 6414—1999）的规定。

6）焊补。供方可对铸件缺陷进行焊补，焊补条件由供方确定。如需方对焊补有要求时，应与供方协商。

7）矫正。铸件产生的变形可通过矫正的方法消除。

5. 钢板

钢板（图 2-9）是平板状、矩形的，可直接轧制或由宽钢带剪切而成；钢板按轧制分，分为热轧和冷轧。厚钢板的钢种大体上和薄钢板相同。在品种方面，除了桥梁钢板、锅炉钢板、汽车制造钢板、压力容器钢板和多层高压容器钢板等品种纯属厚板外，有些品种的钢板，如汽车大梁钢板（厚 2.5～10mm）、花纹钢板（厚 2.5～8mm）、不锈钢板、耐热钢板等品种是同

图 2-9　钢板

薄板交叉的。

（1）分类和代号。

1）按边缘状态分为：

切边 EC。

不切边 EM。

2）按厚度偏差种类分：

N 类偏差：正偏差和负偏差相等。

A 类偏差：按公称厚度规定负偏差。

B 类偏差：固定负偏差为 0.3mm。

C 类偏差：固定负偏差为零，按公称厚度规定正偏差。

3）按厚度精度分为：

普通厚度精度：PT.A。

较高厚度精度：PT.B。

（2）尺寸。

1）钢板和钢带的尺寸范围。

单轧钢板公称厚度：3～400mm；

单轧钢板公称宽度：600～4800mm；

钢板公称长度：2000～20 000mm；

钢带（包括连轧钢板）公称厚度：0.8～25.4mm；

钢带（包括连轧钢板）公称宽度：600～2200mm；

纵切钢带公称宽度：120～900mm。

2）钢板和钢带推荐的公称尺寸。

① 单轧钢板的公称厚度在 1）中所规定范围内，厚度小于 30mm 的钢板按 0.5mm 倍数的任何尺寸；厚度不小于 30mm 的钢板按 1mm 倍数的任何尺寸。

② 单轧钢板的公称宽度在 1）所规定范围内，按 10mm 或 50mm 倍数的任何尺寸。

③ 钢带（包括连轧钢板）的公称厚度在 1）所规定范围内，按 0.1mm 倍数的任何尺寸。

④ 钢带（包括连轧钢板）的公称宽度在 1）所规定范围内，按 10mm 倍数的任何尺寸。

⑤ 钢板的长度在 1）规定范围内，按 50mm 或 100mm 倍数的任何尺寸。

⑥ 根据需方要求，经供需双方协议，可以供应推荐公称尺寸以外的其他尺寸的铜板和钢带。

（3）外形。

1）不平度。

① 单轧钢板按下列两类钢，分别规定钢板不平度。

a. 钢类 L：规定的最低屈服强度值不大于 460MPa，未经淬火加回火处理的钢板。

b. 钢类 H：规定的最低屈服强度值大于 460～700MPa，以及所有淬火或淬火加回火的钢板。

c. 单轧钢板的不平度应符合表 2-39 的规定。

表 2-39　　　　　　　单 轧 钢 板 的 不 平 度　　　　　（单位：mm）

| 公称厚度 | 钢类 L | | | | 钢类 H | | | |
|---|---|---|---|---|---|---|---|---|
| | 下列公称宽度钢板的不平度，≤ | | | | | | | |
| | ≤3000 | | >3000 | | ≤3000 | | >3000 | |
| | 测量长度 | | | | | | | |
| | 1000 | 2000 | 1000 | 2000 | 1000 | 2000 | 1000 | 2000 |
| 3～5 | 9 | 14 | 15 | 24 | 12 | 17 | 19 | 29 |
| >5～8 | 8 | 12 | 14 | 21 | 11 | 15 | 18 | 26 |
| >8～15 | 7 | 11 | 11 | 17 | 10 | 14 | 16 | 22 |
| >15～25 | 7 | 10 | 10 | 15 | 10 | 13 | 14 | 19 |
| >25～40 | 6 | 9 | 9 | 13 | 9 | 12 | 13 | 17 |
| >40～400 | 5 | 8 | 8 | 11 | 8 | 11 | 11 | 15 |

d. 如测量时，直尺（线）与钢板接触点之间的距离小于 1000mm，则不平度最大允许值应符合以下要求：对钢类 L，为接触点间距离（300～1000mm）的 1%；对钢类 H，接触点间距离（300～1000mm）的 1.5%。但两者均不得超过表 2-39 的规定。

② 连轧钢板的不平度应符合表 2-40 的规定。

表 2-40　　　　　　　连 轧 钢 板 的 不 平 度　　　　　（单位：mm）

| 公称厚度 | 公称宽度 | 不平度，≤ | | |
|---|---|---|---|---|
| | | 规定的屈服强度 $R_e$ | | |
| | | <220MPa | 220～320MPa | >320MPa |
| ≤2 | ≤1200 | 21 | 26 | 32 |
| | >1200～1500 | 25 | 31 | 36 |
| | >1500 | 30 | 38 | 45 |
| >2 | ≤1200 | 18 | 22 | 27 |
| | >1200～1500 | 23 | 29 | 34 |
| | >1500 | 28 | 35 | 42 |

③ 如用户对钢板的不平度有要求，在用户开卷设备能保证质量的前提下，供需双方可以协商规定，并在合同中注明。

2）镰刀弯及切斜。钢板的镰刀弯及切斜应受限制，应保证钢板订货尺寸的矩形。

① 镰刀弯。

a. 单轧钢板的镰刀弯应不大于实际长度的 0.2%。

b. 钢带（包括纵切钢带）和连轧钢板的镰刀弯应符合表 2-41 的规定。对不切头尾的不切边钢带检查镰刀弯时，两端不考核的总长度按第 4 项检查；对不切头尾的不切边钢带的厚度、宽度，两端不考核总长规定。

表 2-41　　　　　　钢带（包括纵切钢带）和连轧钢板的镰刀弯　　　　（单位：mm）

| 产品类型 | 公称长度 | 公称宽度 | 镰刀弯，≤ | | 测量长度 |
| --- | --- | --- | --- | --- | --- |
| | | | 切边 | 不切边 | |
| 连轧钢板 | ＜5000 | ≥600 | 实际长度×0.3% | 实际长度×0.4% | 实际长度 |
| | ≥5000 | ≥600 | 15 | 20 | 任意 5000mm 长度 |
| 钢带 | — | ≥600 | 15 | 20 | 任意 5000mm 长度 |
| | — | ＜600 | 15 | | — |

② 切斜。钢板的切斜应不大于实际宽度的 1%。

3）钢带应牢固地成卷。钢带卷的一侧塔形高度不得超过表 2-42 的规定。

表 2-42　　　　　　　　　　塔　形　高　度　　　　　　　　（单位：mm）

| 公　称　宽　度 | 切　边 | 不　切　边 |
| --- | --- | --- |
| ≤1000 | 20 | 50 |
| ＞1000 | 30 | 60 |

6. 型钢

型钢按照钢的冶炼质量不同，分为普通型钢和优质型钢。普通型钢按现行金属产品目录又分为大型型钢、中型型钢和小型型钢。普通型钢按其断面形状又可分为工字钢（图 2-10）、槽钢、角钢、圆钢等。

（1）分类及型号。工字钢翼缘是变截面，靠腹板部厚，外部薄；H 型钢的翼缘是等截面。工字钢分为普通工字钢和轻型工字钢两种，其型号用截面高度（单位为"cm"）来表示。对于 20 号以上普通工字钢，根据腹板厚度和翼缘宽度的不同，同一号工字钢又有 a、b 或 a、b、c 区分，其中 a 类腹板最薄、最窄，b 类较厚较宽，c 类最厚最宽。同样高度的轻型工字钢的翼缘要比普通工字钢的翼缘宽而薄，腹板也薄，故重量较轻、截面回转半径略大。轻型工字钢也有部分型号（从 I18 至 I30），有两种规格，如 I18 和 I18a，I20 和 I20a。

图 2-10　工字钢

槽钢（图 2-11）是槽形截面的型材，有热轧普通槽钢和轻型槽钢两种，与工字钢一样是以截面高度的厘米数表示型号。从［14 开始，也有 a、b 或 a、b、c 规格的区分，其不同之点是腹板厚度和翼缘宽度。槽钢翼缘内表面的斜度（1:10）比工字钢要平缓，紧固连接螺栓比较容易。型号相同的轻型槽钢的翼缘比普通槽钢的宽且薄，腹板厚度也小，截面特性更好一些。

角钢（图 2-12）是传统的格构式钢结构构件中应用最广泛的轧制型材，有等边角钢和不等边角钢两大类。按《热轧型钢》（GB/T 706—2008）的规定，角钢的型号以其肢长表示，单位以厘米计。在一个型号内，可以有 2～7 个肢厚的不同规格，为截面选择提供了方便，如常用的 10 号等边角钢，肢厚规格有 6、7、8、10、12、14、16mm 共七种。

图 2-11　槽钢

图 2-12　角钢

（2）尺寸、外形、重量及允许偏差。

1）尺寸、外形及允许偏差。

① 型钢的尺寸、外形及允许偏差应符合表 2-43～表 2-45 的规定。根据需方要求，型钢的尺寸、外形及允许偏差也可按照供需双方协定。

表 2-43　　　　　　　工字钢、槽钢尺寸、外形及允许偏差　　　　　（单位：mm）

| | 高度 | 允许偏差 | 图　　示 |
|---|---|---|---|
| 高度<br>（$h$） | ＜100 | ±1.5 | |
| | 100～＜200 | ±2.0 | |
| | 200～＜400 | ±3.0 | |
| | ≥400 | ±4.0 | |
| 腿宽度<br>（$b$） | ＜100 | ±1.5 | |
| | 100～＜150 | ±2.0 | |
| | 150～＜200 | ±2.5 | |
| | 200～＜300 | ±3.0 | |
| | 300～＜400 | ±3.5 | |
| | ≥400 | ±4.0 | |
| 腰厚度<br>（$d$） | ＜100 | ±0.4 | |
| | 100～＜200 | ±0.5 | |
| | 200～＜300 | ±0.7 | |
| | 300～＜400 | ±0.8 | |
| | ≥400 | ±0.9 | |
| 外缘斜度<br>（$T$） | | $T≤1.5\%b$<br>$2T≤2.5\%b$ | |
| 弯腰挠度<br>（$W$） | | $W≤0.15d$ | |
| 弯曲度 | 工字钢 | 每米弯曲度≤2mm<br>总弯曲度≤总长度的0.20% | 适用于上下、左右大弯曲 |
| | 槽钢 | 每米弯曲度≤3mm<br>总弯曲度≤总长度的0.30% | |

**表 2-44**　　　　　　　　　　**角钢尺寸、外形及允许偏差**　　　　　（单位：mm）

| 项　目 | | 允许偏差 | | 图示 |
|---|---|---|---|---|
| | | 等边角钢 | 不等边角钢 | |
| 边宽度<br>（B，b） | 边宽度①≤56 | ±0.8 | ±0.8 | |
| | >56~90 | ±1.2 | ±1.5 | |
| | >90~140 | ±1.8 | ±2.0 | |
| | >140~200 | ±2.5 | ±2.5 | |
| | >200 | ±3.5 | ±3.5 | |
| 边厚度<br>（d） | 边宽度①≤56 | ±0.4 | | |
| | >56~90 | ±0.6 | | |
| | >90~140 | ±0.7 | | |
| | >140~200 | ±1.0 | | |
| | >200 | ±1.4 | | |
| 顶端直角 | | α≤50′ | | |
| 弯曲度 | | 每米弯曲度不大于 3mm<br>总弯曲度不大于总长度的 0.30% | | 适用于上下、左右大弯曲 |

① 不等边角钢按长边宽度 B。

**表 2-45**　　　　　　　　　**L 型钢尺寸、外形及允许偏差**　　　　　（单位：mm）

| 项　目 | | | 允许偏差 | 图示 |
|---|---|---|---|---|
| 边宽度（B，b） | | | ±4.0 | |
| 边厚度 | 长边厚度（D） | | +1.6<br>−0.4 | |
| | 短边厚度（d） | ≤20 | +2.0<br>−0.4 | |
| | | >20~30 | +2.0<br>−0.5 | |
| | | >30~35 | +2.5<br>−0.6 | |
| 垂直度（T） | | | T≤2.5%b | |

续表

| 项　目 | 允　许　偏　差 | 图　示 |
|---|---|---|
| 长边平直度（W） | W≤0.15D | 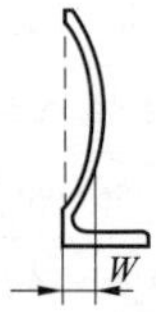 |
| 弯曲度 | 每米弯曲度不大于 3mm<br>总弯曲度不大于总长度的<br>0.30% | 适用于上下、左右大弯曲 |

② 工字钢的腿端外缘钝化、槽钢的腿端外缘和肩钝化不应使直径等于 0.18d 的圆棒通过，角钢的边端外角和顶角钝化不应使直径等于 0.18d 的圆棒通过。

③ 工字钢、槽钢的外缘斜度和弯腰度、角钢的顶端直角在距端头不小于 750mm 处检查。

④ 工字钢、槽钢平均腿厚度（t）的允许偏差为±0.06t，在车削轧辊上检查。

⑤ 根据双方协定，相对于工字钢垂直轴的腿的不对称度，不应超过腿宽公差之半。

⑥ 工字钢不应有明显的扭转。

2）长度及允许偏差。

① 角钢的通常长度为 4000～19 000mm，其他型钢的通常长度为 5000～19 000mm。根据需方要求也可以供应其他长度的产品。

② 定尺长度允许偏差应符合表 2–46 的规定。

表 2–46　　　　　　　　型钢的长度允许偏差

| 长度/mm | 允许偏差/mm |
|---|---|
| ≤8000 | +50<br>0 |
| >8000 | +80<br>0 |

3）重量及允许偏差。

① 型钢应按理论重量交货，理论重量按密度为 7.85g/cm³ 计算。经供需双方协商并在合同中注明，也可按实际重量交货。

② 根据双方协议，型钢的每米重量允许偏差不应超过–5%～3%。

③ 型钢的截面面积计算公式见表 2–47。

表 2-47　　　　　　　　　　截面面积的计算公式

| 型 钢 种 类 | 计 算 公 式 |
|---|---|
| 工字钢 | $hd+2t(b-d)+0.615(r^2-r_1^2)$ |
| 槽钢 | $hd+2t(b-d)+0.349(r^2-r_1^2)$ |
| 等边角钢 | $d(2b-d)+0.215(r^2-2r_1^2)$ |
| 不等边角钢 | $d(B+b-d)+0.215(r^2-2r_1^2)$ |
| L 型钢 | $BD+d(b-D)+0.215(r^2-2r_1^2)$ |

（3）技术要求。

1）钢的牌号和化学成分。钢的牌号和化学成分（熔炼分析），应符合《碳素钢结构》（GB/T 700—2006）或《低合金高强度钢结构》（GB/T 1591—2008）的有关规定。根据需方要求，经供需双方协商，也可按其他牌号和化学成分供货。

2）交货状态。型钢以热轧状态交货。

3）力学性能。型钢的力学性能应符合《碳素钢结构》（GB/T 700—2006）或《低合金高强度钢结构》（GB/T 1591—2008）的有关规定。根据需方要求，经供需双方协商，也可按其他力学性能指标供货。

4）表面质量。

① 型钢表面不应有裂缝、折叠、结疤、分层和夹杂。

② 型钢表面允许有局部发纹、凹坑、麻点、刮痕和氧化铁皮压入等缺陷存在，但不应超出型钢尺寸允许偏差。

③ 型钢表面缺陷允许清除，清除处应圆滑无棱角，但不应进行横向清除。清除宽度不应小于清除深度的 5 倍，清除后的型钢尺寸不应超出尺寸的允许偏差。

④ 型钢不应有大于 5mm 的毛刺。

7. 结构用钢管

结构用钢管（图 2-13）有热轧无缝钢管和焊接钢管两大类。焊接钢管由钢带卷焊而成，依据管径大小，又分为直缝焊和螺旋焊两种。

（1）分类及牌号。按《结构用无缝钢管》（GB/T 8162—2008）规定，结构用无缝钢管分为热轧和冷拔两种。冷拔钢管只限于小管径；热轧无缝钢管外径从 32～630mm，壁厚从 2.5～75mm。所用钢号主要为优质碳素结构钢（牌号通常为 10、20、35、45）和低合

图 2-13　结构用钢管

金高强度结构钢（牌号通常为 Q345）。建筑钢结构应用的无缝钢管以 20 号钢（相当于 Q235）为主，管径一般在 89mm 以上，通常长度为 3～12m。

直缝电焊钢管的外径从 32～152mm，壁厚从 2.0～5.5mm。现行国家标准为《直缝电焊钢管》（GB/T 13793—2008）。

在钢网架结构中经常采用符合《低压流体输送用焊接钢管》（GB/T 3091—2015）的钢管，选用钢的牌号有 Q195、Q215A 和 Q235A。

（2）尺寸、外形和重量。

1）外径和壁厚。钢管的外径（$D$）和壁厚（$S$）应符合《直缝点焊钢管》（GB/T 17395—2008）的规定。根据需方要求，经供需双方协商，可供应其他外径和壁厚的钢管。

2）外径和壁厚的允许偏差。

① 钢管的外径允许偏差应符合表 2-48 的规定。

表 2-48　　　　　　钢管的外径允许偏差　　　　　（单位：mm）

| 钢管种类 | 允许偏差 |
|---|---|
| 热轧（挤压、扩）钢管 | ±1%$D$ 或±0.50，取其中较大者 |
| 冷拔（轧）钢管 | ±1%$D$ 或±0.30，取其中较大者 |

② 热轧（挤压、扩）钢管壁厚允许偏差应符合表 2-49 的规定。

表 2-49　　　　热轧（挤压、扩）钢管壁厚允许偏差　　　（单位：mm）

| 钢管种类 | 钢管公称外径 | $S/D$ | 允许偏差 |
|---|---|---|---|
| 热轧（挤压）钢管 | ≤102 | — | ±12.5%$S$ 或±0.40，取其中较大者 |
| | >102 | ≤0.05 | ±15%$S$ 或±0.40，取其中较大者 |
| | | >0.05～0.10 | ±12.5%$S$ 或±0.40，取其中较大者 |
| | | >0.10 | +12.5%$S$ −10%$S$ |
| 热扩钢管 | — | | ±15%$S$ |

③ 冷拔（轧）钢管的壁厚允许偏差应符合表 2-50 的规定。

表 2-50　　　　　冷拔（轧）钢管的壁厚允许偏差　　　（单位：mm）

| 钢管种类 | 钢管公称壁厚 | 公许偏差 |
|---|---|---|
| 冷拔（轧） | ≤3 | +15%$S$ −10%$S$ 或±0.15，取其中较大者 |
| | >3 | +12.5%$S$ −10%$S$ |

3）长度。

① 通常长度。钢管通常长度为 3000～12 500mm。

② 范围长度。根据需方要求，经供需双方协定，并在合同中注明，钢管可按范围长度交货。范围长度应在通常长度范围内。

③ 定尺和倍尺长度。

a. 根据需方要求，经供需双方协商，并在合同中注明，钢管可按定尺长度或倍尺长度交货。

b. 钢管的定尺长度应在通常范围内，其定尺长度允许偏差应符合如下规定：

（a）定尺长度不大于 6000mm，允许偏差为 0～10mm。

（b）定尺长度大于 6000mm，允许偏差为 0～15mm。

c. 钢管的倍尺总长度应在通常长度范围内，全长允许偏差为 0～20mm，每个倍尺长度按下述规定留出切口余量：

（a）外径不大于 159mm，切口余量为 5～10mm。

（b）外径大于 159mm，切口余量为 10～15mm。

4）弯曲度。

① 钢管的每米弯曲度应符合表 2-51 的规定。

表 2-51                                    钢 管 的 弯 曲 度

| 钢管公称壁厚/mm | 每米弯曲度/（mm/m） |
| --- | --- |
| ≤15 | ≤1.5 |
| >15～30 | ≤2.0 |
| >30 或 $D \geq 351$ | ≤3.0 |

② 钢管的全长弯曲度应不大于钢管总长度的 1.5%。

5）不圆度和壁厚不均。根据需方要求，经供需双方协商，并在合同中注明，钢管的不圆度和壁厚不均应分别不超过外径和壁厚公差的 80%。

6）端头外形。

① 公称外径不大于 60mm 的钢管，管端切斜应不超过 1.5mm；公称外径大于 60mm 的钢管，管端切斜应不超过钢管公称外径的 2.5%，但最大应不超过 6mm。钢管的切斜如图 2-14 所示。

② 钢管的端头切口毛刺应予清除。

7）重量。

① 钢管按实际重量交货，也可按理论重

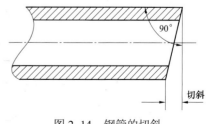

图 2-14 钢管的切斜

量交货。钢管的理论重量的计算应符合 GB/T 17395—2008 的规定，钢的密度取 7.85kg/cm³。

② 根据需方要求，经供需双方协商，并在合同中注明，交货钢管的理论重量与实际重量的偏差应符合如下规定：

a. 单支钢管：理论重量与实际重量的偏差为±10%。

b. 每批最小为 10t 的钢管：理论重量与实际重量的偏差为±7.5%。

（3）技术要求。

1）钢的牌号和化学成分。

① 优质碳素结构钢的牌号和化学成分（熔炼分析）应符合《优质碳素钢结构》（GB/T 699—2015）中 10、15、20、25、35、45、20Mn、25Mn 的规定。

低合金高强度结构钢的牌号和和化学成分（熔炼分析）应符合《低合金高强度钢结构》（GB/T 1591—2008）的规定，其中质量等级为 A、B、C 级钢的磷、硫含量均应不大于 0.030%。

合金结构钢的牌号和化学成分（熔炼分析）应符合《合金钢结构》（GB/T 3077—2015）的规定。牌号为 Q235、Q275 钢的化学成分（熔炼分析）应符合表 2-52 的规定。

表 2-52　　　　　　　　Q235、Q275 钢的化学成分（熔炼分析）

| 牌号 | 质量等级 | 化学成分（质量分数）[①]（%） | | | | | |
| --- | --- | --- | --- | --- | --- | --- | --- |
| | | C | Si | Mn | P | S | Alt（全铝）[②] |
| | | | | | 不大于 | | |
| Q235 | A | ≤0.22 | ≤0.35 | ≤1.40 | 0.30 | 0.30 | — |
| | B | ≤0.20 | | | | | — |
| | C | ≤0.17 | | | 0.30 | 0.30 | — |
| | D | | | | 0.025 | 0.025 | ≥0.020 |
| Q275 | A | ≤0.24 | ≤0.35 | ≤1.50 | 0.030 | 0.030 | — |
| | B | ≤0.21 | | | | | — |
| | C | ≤0.20 | | | 0.030 | 0.030 | — |
| | D | | | | 0.025 | 0.025 | ≥0.020 |

① 残余元素 Cr、Ni 的含量应各不大于 0.30%，Cu 的含量应不大于 0.20%。

② 当分析 Als（酸溶铝）时，Als≥0.015%。

② 根据需方要求，经供需双方协商，可生产其他牌号的钢管。

③ 当需方要求做成品分析时，应在合同中注明，成品钢管的化学成分允许偏差应符合《钢的成品化学成分允许偏差》（GB/T 222—2006）的规定。

2）交货状态。

① 热轧（挤压、扩）钢管应以热轧状态或热处理状态交货。要求热处理状态时，应在合同中注明。

② 冷拔（轧）钢管应以热处理状态交货。根据需方要求，经供需双方协商，并在合同中注明，冷拔（轧）钢管也可以冷拔（轧）状态交货。

3）力学性能。

① 拉伸性能。

a. 优质碳素结构钢、低合金高强度结构钢牌号为 Q235、Q275 的钢管，其交货状态的拉伸性能应符合表 2-53 的规定。

表 2-53　　　　　　　优质碳素结构钢、低合金高强度结构钢牌号为
Q235、Q275 的钢管的力学性能

| 牌号 | 质量等级 | 抗拉强度 $R_m$/MPa | 下屈服强度 $R_{eL}^{①}$/MPa | | | 断后伸长率 $A$（%） | 冲击试验 | |
|---|---|---|---|---|---|---|---|---|
| | | | 壁厚/mm | | | | 温度/℃ | 吸收能量 $KV_z$/J |
| | | | ≤16 | >16～30 | >30 | | | |
| | | | 不小于 | | | | | 不小于 |
| 10 | — | ≥335 | 205 | 195 | 185 | 24 | — | — |
| 15 | — | ≥375 | 225 | 215 | 205 | 22 | — | — |
| 20 | — | ≥410 | 245 | 235 | 225 | 20 | — | — |
| 25 | — | ≥450 | 275 | 265 | 255 | 18 | — | — |
| 35 | — | ≥510 | 305 | 295 | 285 | 17 | — | — |
| 45 | — | ≥590 | 335 | 325 | 315 | 14 | — | — |
| 20Mn | — | ≥450 | 275 | 265 | 255 | 20 | — | — |
| 25Mn | — | ≥490 | 295 | 285 | 275 | 18 | — | — |
| Q235 | A | 375～500 | 235 | 225 | 215 | 25 | — | — |
| | B | | | | | | +20 | 27 |
| | C | | | | | | 0 | |
| | D | | | | | | −20 | |
| Q275 | A | 415～540 | 275 | 265 | 255 | 22 | — | — |
| | B | | | | | | +20 | 27 |
| | C | | | | | | 0 | |
| | D | | | | | | −20 | |

续表

| 牌号 | 质量等级 | 抗拉强度 $R_m$/MPa | 下屈服强度 $R_{eL}$[①]/MPa | | | 断后伸长率 A（%） | 冲击试验 | |
|---|---|---|---|---|---|---|---|---|
| | | | 壁厚/mm | | | | 温度/℃ | 吸收能量 $KV_z$/J |
| | | | ≤16 | >16～30 | >30 | | | |
| | | | 不小于 | | | | | 不小于 |
| Q295 | A | 390～570 | 295 | 275 | 255 | 22 | — | — |
| | B | | | | | | +20 | 34 |
| Q345 | A | 470～630 | 345 | 325 | 295 | 20 | — | — |
| | B | | | | | | +20 | |
| | C | | | | | | 0 | 34 |
| | D | | | | | 21 | −20 | |
| | E | | | | | | −40 | 27 |
| Q390 | A | 490～650 | 390 | 370 | 350 | 18 | — | — |
| | B | | | | | | +20 | |
| | C | | | | | | 0 | 34 |
| | D | | | | | 19 | −20 | |
| | E | | | | | | −40 | 27 |
| Q420 | A | 520～680 | 420 | 400 | 380 | 18 | — | — |
| | B | | | | | | +20 | |
| | C | | | | | | 0 | 34 |
| | D | | | | | 19 | −20 | |
| | E | | | | | | −40 | 27 |
| Q460 | C | 550～720 | 450 | 440 | 420 | 17 | 0 | 34 |
| | D | | | | | | −20 | |
| | E | | | | | | −40 | 27 |

① 拉伸试验时，如不能测定屈服强度，可测定规定非比例延伸强度 $R_{p0.2}$ 代替 $R_{eH}$。

　　b. 合金结构钢钢管试样毛坯按表 2-54 推荐的热处理制度进行热处理后，制成试样测出的纵向拉伸性能应符合表 2-54 的规定。

表 2-54　　　　　　　　　　合金钢钢管的力学性能

| 序号 | 牌号 | 推荐的热处理制度① | | | | | 拉伸作用 | | | 钢管退火或高温回火交货状态布氏硬度 HBW |
|---|---|---|---|---|---|---|---|---|---|---|
| | | 淬火（正火） | | | 回火 | | 抗拉强度度 $R_m$/MPa | 下屈服强度① $R_{eL}$/MPa | 断后伸长率 $A$（%） | |
| | | 温度/℃ | | 冷却剂 | 温度/℃ | 冷却剂 | | | | |
| | | 第一次 | 第二次 | | | | ≥ | | | ≤ |
| 1 | 40Mn2 | 840 | — | 水、油 | 540 | 水、油 | 885 | 735 | 12 | 217 |
| 2 | 45Mn2 | 840 | — | 水、油 | 550 | 水、油 | 885 | 735 | 10 | 217 |
| 3 | 27SiMn | 920 | — | 水 | 450 | 水、油 | 980 | 835 | 12 | 217 |
| 4 | 40MnB② | 850 | — | 油 | 500 | 水、油 | 980 | 785 | 10 | 207 |
| 5 | 45MnB② | 840 | — | 油 | 500 | 水、油 | 1030 | 835 | 9 | 217 |
| 6 | 20Mn2B②、⑤ | 880 | — | 油 | 200 | 水、空 | 980 | 785 | 10 | 187 |
| 7 | 20Cr②、⑤ | 880 | 800 | 水、油 | 200 | 水、空 | 835 | 540 | 10 | 179 |
| | | | | | | | 785 | 490 | 10 | 179 |
| 8 | 30Cr | 860 | — | 油 | 500 | 水、油 | 885 | 685 | 11 | 187 |
| 9 | 35Cr | 860 | — | 油 | 500 | 水、油 | 930 | 735 | 11 | 207 |
| 10 | 40Cr | 850 | — | 油 | 520 | 水、油 | 980 | 785 | 9 | 207 |
| 11 | 45Cr | 840 | — | 油 | 520 | 水、油 | 1030 | 835 | 9 | 217 |
| 12 | 50Cr | 830 | — | 油 | 520 | 水、油 | 1080 | 910 | 9 | 229 |
| 13 | 38CrSi | 900 | — | 油 | 600 | 水、油 | 980 | 835 | 12 | 253 |
| 14 | 12CrMo | 900 | — | 空 | 650 | 空 | 410 | 255 | 24 | 179 |
| 15 | 15CrMo | 900 | — | 空 | 650 | 空 | 440 | 295 | 22 | 179 |
| 16 | 20CrMo③、⑤ | 880 | — | 水、油 | 500 | 水、油 | 885 | 685 | 11 | 197 |
| | | | | | | | 845 | 635 | 12 | 197 |
| 17 | 35CrMo | 850 | — | 油 | 550 | 水、油 | 980 | 835 | 12 | 229 |
| 18 | 42CrMo | 850 | — | 油 | 560 | 水、油 | 1080 | 930 | 12 | 217 |
| 19 | 12CrMoV | 970 | — | 空 | 750 | 空 | 440 | 225 | 22 | 241 |
| 20 | 12Cr1MoV | 970 | — | 空 | 750 | 空 | 490 | 245 | 22 | 179 |
| 21 | 38CrMoAl③ | 940 | — | 水、油 | 540 | 水、油 | 980 | 835 | 12 | 229 |
| | | | | | | | 930 | 785 | 14 | 229 |
| 22 | 50CrVA | 860 | — | 油 | 500 | 水、油 | 1275 | 1130 | 10 | 255 |
| 23 | 20CrMn | 850 | — | 油 | 200 | 水、空 | 930 | 735 | 10 | 187 |
| 24 | 20CrMnSi⑤ | 880 | — | 油 | 480 | 水、油 | 785 | 635 | 12 | 207 |

续表

| 序号 | 牌号 | 推荐的热处理制度① | | | | | 拉伸作用 | | | 钢管退火或高温回火交货状态布氏硬度 HBW |
| --- | --- | --- | --- | --- | --- | --- | --- | --- | --- | --- |
| | | 淬火（正火） | | | 回火 | | 抗拉强度 $R_m$/MPa | 下屈服强度① $R_{eL}$/MPa | 断后伸长率 $A$（%） | |
| | | 温度/℃ | | 冷却剂 | 温度/℃ | 冷却剂 | | | | |
| | | 第一次 | 第二次 | | | | ≥ | | | ≤ |
| 25 | 30CrMnSi③、⑤ | 880 | — | 油 | 520 | 水、油 | 1080 | 885 | 8 | 229 |
| | | | | | | | 980 | 835 | 10 | 229 |
| 26 | 35CrMnSiA⑤ | 880 | — | 油 | 230 | 水、空 | 1620 | — | 9 | 229 |
| 27 | 20CrMnTi④、⑤ | 880 | 870 | 油 | 200 | 水、空 | 1080 | 835 | 10 | 217 |
| 28 | 30CrMnTi④、⑤ | 880 | 850 | 油 | 200 | 水、空 | 1470 | — | 9 | 229 |
| 29 | 12CrNi2 | 860 | 780 | 水、油 | 200 | 水、空 | 785 | 590 | 12 | 207 |
| 30 | 12CrNi3 | 860 | 780 | 油 | 200 | 水、空 | 930 | 685 | 11 | 217 |
| 31 | 12Cr2Ni4 | 860 | 780 | 油 | 200 | 水、空 | 1080 | 835 | 10 | 269 |
| 32 | 40CrNiMoA | 850 | | 油 | 600 | 水、油 | 980 | 835 | 12 | 269 |
| 33 | 45CrNiMoVA | 860 | | 油 | 460 | 油 | 1470 | 1325 | 7 | 269 |

① 表中所列热处理温度允许调整范围：淬火±20℃，低温回火±30℃，高温回火±50℃。

② 含硼钢在淬火前可先正火，正火温度应不高于其淬火温度。

③ 按需方指定的一组数据交货；当需方未指定时，可按其中任一组数据交货。

④ 含铬锰钛钢第一次淬火可用正火代替。

⑤ 于280～320℃等温淬火。

⑥ 拉伸试验时，如不能测定屈服强度，可测定规定非比例延伸强度 $R_{p0.2}$ 代替 $R_{eL}$。

② 硬度试验。以退火或高温回火状态交货、切壁厚不大于 5mm 的合金结构钢钢管，其布氏硬度应符合表 2-54 的规定。

4）工艺性能。

① 压扁试验。由 10、15、20、25、20Mn、25Mn、Q235、Q275、Q295、Q345 钢制造，外径大于 22～400mm，并且壁厚与外径比值不大于 10% 的钢管应进行压扁试验。钢管压扁后平板间距离应符合表 2-55 的规定。

表 2-55　　　　　　　　　　钢管压扁平板间距离

| 牌　号 | 压扁试验平板间距 $H^{①}$/mm |
| --- | --- |
| 10、15、20、25、Q235 | 2/3D |
| Q275、Q295、Q345、20Mn、25Mn | 7/8D |

① 压扁试验的平板间距（H）最小值应是钢管壁厚的 5 倍。

压扁后，试样上不允许出现裂缝或裂口。

② 弯曲试验。根据需方要求，经供需双方协商，并在合同中注明，外径不大于 22mm 的钢管可做弯曲试验，弯曲角度为 90°，弯芯半径为钢管外径的 6 倍，弯曲后试样弯曲处不允许出现裂缝或裂口。

5）表面质量。钢管的内外表面不允许有目视可见的裂纹、折叠、结疤、轧折和离层。这些缺陷完全清除，清除深度应不超过公称壁厚的负偏差，清理处的实际厚度应不小于壁厚偏差所允许的最小值。

不超过壁厚负偏差的其他局部缺陷允许存在。

6）无损检验。根据需方要求，经供需双方协商，并在合同中注明，钢管可采用以下方法中的一种或多种方法进行无损检验，或其他方法进行无损检验。

① 按《无缝钢管超声波探伤检验方法》（GB/T 5777—2008）的规定进行超声波检验，人工缺陷尺寸：冷拔（轧）管为 L3（C10），热轧（挤压、扩）钢管为 L4（C12）。

② 按《钢管涡流探伤检验方法》（GB/T 7735—2004）的规定进行涡流检验，验收等级 A。

③ 按《钢管漏磁探伤方法》（GB/T 12606—1999）的规定进行漏磁检验，验收等级 L4。

## 第四节　常用围护结构材料

1. ALC 板的选用

ALC 是蒸压轻质混凝土的简称。ALC板（图 2-15）是以粉煤灰（或硅砂）、水泥、石灰等为主原料，经过高压蒸汽养护而成的多气孔混凝土成型板材（内含经过处理的钢筋增强）。ALC 板，既可做墙体材料，又可做屋面板，是一种性能优越的新型建材。

图 2-15　ALC 板

（1）ALC 板的特点。ALC 板具有科学合理的节点设计和安装方法，它在保证节点强度的基础上确保墙体在平面外稳定性、安全性的同时，在平面内通过墙板具有的可转动性，使墙体在平面内具有适应较大水平位移的随动性。

（2）ALC 板的基本特征。

1）隔声性：该材料是一种由大量均匀的、互不连通的微小气孔组成的多孔材料，具有很好的隔声性能。100mm 厚的 ALC 板平均隔声量是 40.8dB；150mm

厚 ALC 板的平均隔声量是 45.8dB。

2）耐火性：ALC 板材是一种不燃的无机材料，具有很好的耐火性能。墙板的耐火极限：100mm 厚板为 3.23h；150mm 厚板大于 4h；50mm 厚板保护钢梁耐火极限大于 3h；50mm 厚板保护钢柱耐火极限大于 4h；都超过了一级耐火标准。

3）耐久性：ALC 是一种无机硅酸盐材料，不老化，耐久性好，其使用年限可以和各类建筑物的使用寿命相匹配。

4）抗冻性：抗冻性好，经冻融试验后质量损失小于 1.5%（国家标准小于 5%），强度损失小于 5%（国家标准小于 20%）。

5）抗渗性：抗渗性好，比标准砖的抗渗性好 5 倍。

6）软化系数：软化系数高，$R_w/R_o=0.88$。

7）环保性能：该材料无放射性，无有害气体逸出，是一种绿色环保材料。

8）施工性：ALC 板材生产工业化、标准化，安装产业化，可锯、切、刨、钻，施工干作业，速度快。

9）配套性：ALC 板具有完善的应用配套体系，配有专用连接件、勾缝剂、修补粉、界面剂等。

10）施工简单、造价低：采用本材料，不用抹灰，降低造价 20～25 元/m²；可以直接刮腻子、喷涂料。

11）表面质量好、不开裂：采用本材料，因为采用干法施工，所以板面不存在空鼓、裂纹现象。

2. 墙砖的选用

（1）承重墙用砖的选择。承重墙是指在砌体结构中支撑着上部楼层重量的墙体，在图纸上为黑色墙体，打掉会破坏整个建筑结构。承重墙是经过科学计算的，如果在承重墙上打孔开洞，就会影响建筑结构的稳定性，改变了建筑结构体系。

能作为承重墙用砖的种类很多，有黏土砖、页岩砖、灰砂砖等。目前，国家严格限制普通黏土砖的使用，一些承重墙体改用页岩砖等材料。

无论选择哪种砖，都必须满足所需要的强度等级。普通黏土砖按照抗压强度可以分为 MU10、MU15、MU20、MU25 和 MU30 五个强度等级。

普通黏土砖的标准尺寸是 240mm×115mm×53mm。

（2）非承重墙用砖的选择。

1）砖的选择。其实"非承重墙"并非不承重，只是相对于承重墙而言，非承重墙起到次要承重作用，但同时也是承重墙非常重要的支撑部位。非承重墙通常是以黏土、工业废料或其他地方资源为主要原料，以不同工艺制造的、用于砌筑承重和非承重墙体的墙砖，所以又叫作砌墙砖。

用作砌筑非承重墙的砖按照生产工艺，分为烧结砖和非烧结砖。经焙烧制成的砖为烧结砖；经碳化或蒸汽（压）养护硬化而成的砖属于非烧结砖。

按照孔洞率（砖上孔洞和槽的体积总和与按外尺寸算出的体积之比的百分率）的大小，砌墙砖分为实心砖、多孔砖和空心砖。实心砖是没有孔洞或孔洞率小于15%的砖；孔洞率等于或大于15%，孔的尺寸小而数量多的砖称为多孔砖；孔洞率等于或大于15%，孔的尺寸大而数量少的砖称为空心砖。

非承重墙用砖的类型及每种砖的主要性能见表2-56。

表2-56 非 承 重 墙 用 砖

| 名称 | 性　能 | 图　片 |
|---|---|---|
| 烧结普通砖 | 烧结普通砖是以黏土、页岩、煤矸石、粉煤灰为主要原料，经焙烧而成的普通砖。按主要原料分为烧结黏土砖、烧结页岩砖、烧结煤矸石砖和烧结粉煤灰砖 | |
| 烧结多孔砖 | 按主要原料分为黏土砖、页岩砖、煤矸石砖和粉煤灰砖。烧结多孔砖的孔洞垂直于大面，砌筑时要求孔洞方向垂直于承压面。因为它的强度较高，主要用于建筑物的承重部位 | |
| 烧结空心砖 | 由两两相对的顶面、大面及条面组成直角六面体，在烧结空心砖的中部开设有至少两个均匀排列的条孔，条孔之间由肋相隔，条孔与大面、条面平行，其间为外壁，条孔的两开口分别位于两顶面上，在所述的条孔与条面之间分别开设有若干孔径较小的边排孔，边排孔与其相邻的边排孔或相邻的条孔之间为肋。空心砖结构简单，制作方便；砌筑墙体后，能确保设置像这种墙面上的串点吊挂的承载能力，适用于非承重部位做墙体围护材料 | |
| 蒸压灰砂砖 | 蒸压灰砂砖以适当比例的石灰和石英砂、砂或细砂岩，经磨细、加水拌和、半干法压制成型并经蒸压养护而成，是替代烧结黏土砖的产品 | |

续表

| 名称 | 性　能 | 图　片 |
|---|---|---|
| 粉煤灰砖 | 蒸压（养）粉煤灰砖以粉煤灰和石灰为主要原料，掺入适量的石膏和骨料，经坯料制备、压制成形、高压或常压蒸汽养护而制成。其颜色呈深灰色。粉煤灰砖的标准尺寸与普通黏土砖一样，强度等级分为MU7.5、MU10、MU15、MU20四个等级。优等品的强度级别应不低于MU15级，一等品的强度级别应不低于MU10级 | |
| 炉渣砖 | 炉渣砖是以煤渣为主要原料，加入适量石灰、石膏等材料，经混合、压制成型、蒸汽或蒸养护而制成的实心砖。颜色呈黑灰色。其标准尺寸与普通黏土砖一样，强度等级与灰砂砖相同 | |

2）砖的选择技巧。非承重墙用砖选择技巧的主要内容见表2-57。

表2-57　　　　　　　　　　　　非承重墙用砖选择技巧

| 名　称 | 选　择　技　巧 |
|---|---|
| 烧结普通砖 | （1）烧结普通砖具有较高的强度、较好的绝热性、隔声性、耐久性及价格低廉等优点，加之原料广泛、工艺简单，所以是应用历史最久、应用范围最为广泛的墙体材料。另外，烧结普通砖也可用来砌筑柱、拱、烟囱、地面及基础等，还可与轻骨料混凝土、加气混凝土、岩棉等复合砌筑各种轻质墙体。在砌体中配置适当的钢筋或钢丝网也可制作成柱、过梁等，代替钢筋混凝土柱、过梁使用。<br>（2）烧结普通砖的缺点是生产能耗高，砖的自重大、尺寸小，施工效率低、抗震性能差等，尤其是黏土实心砖，大量毁坏土地，破坏生态。从节约黏土资源及利用工业废渣等方面考虑，提倡大力发展非黏土砖。所以，我国正大力推广墙体材料改革，以空心砖、工业废渣砖、砌块及轻质板材等新型墙体材料代替黏土实心砖，这已成为不可逆转的势头 |
| 烧结多孔砖和烧结空心砖 | 烧结多孔砖、烧结空心砖与烧结普通砖相比，具有很多的优点。使用这些砖可使建筑物自重减轻1/3左右，节约黏土20%～30%，节省燃料10%～20%，且烧成率高，造价降低20%，施工效率可提高40%，并能改善砖的绝热和隔声性能，在相同的热工性能要求下，用空心砖砌筑的墙体厚度可减薄半砖左右 |
| 蒸压灰砂砖 | （1）蒸压灰砂砖的外形为直角六面体，标准尺寸与普通黏土砖一样。根据抗压强度和抗折强度分为MU10、MU15、MU20、MU25四个强度等级。<br>（2）蒸压灰砂砖材质均匀密实，尺寸偏差小，外形光洁整齐。MU15及其以上的灰砂砖可用于基础及其他建筑部位；MU10的灰砂砖仅可用于防潮层以上的建筑部位。由于灰砂砖中的某些水化产物（氢氧化钙、碳酸钙等）不耐酸，也不耐热，因此不得用于长期受热200℃以上、受急冷急热和有酸性介质侵蚀的建筑部位，也不宜用于有流水冲刷的部位 |
| 粉煤灰砖 | 粉煤灰砖可用于墙体和基础，但用于基础或易受冻融和干湿交替作用的部位时，必须使用一等品和优等品。粉煤灰砖不得用于长期受热200℃以上、受急冷急热和有酸性介质侵蚀的建筑部位。为避免或减少收缩裂缝的产生，用粉煤灰砖砌筑的建筑物，应适当增设圈梁及伸缩缝 |
| 炉渣砖 | 炉渣砖也可以用于墙体和基础，但用于基础或用于易受冻融和干湿交替作用的部位必须使用MU15级及其以上的砖。炉渣砖同样不得用于长期受热200℃以上、受急冷急热和有酸性介质侵蚀的建筑部位 |

3．砌块的选用

砌块是形体大于砌墙砖的人造块材。砌块一般为直角六面体，也有各种异形的（图 2-16）。砌块系列中主规格的高度大于 115mm 而小于 380mm 的称作小型砌块；高度为 380～980mm 的称为中型砌块；高度大于 980mm 的称为大型砌块。砌块的高度不大于长度或宽度的 6 倍，长度不超过高度的 3 倍。

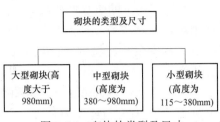

图 2-16　砌体的类型及尺寸

（1）普通混凝土小型空心砌块：适用于地震设计烈度为 8 度及 8 度以下地区的建筑物的墙体。对用于承重墙和外墙的砌块，要求其干缩值小于 0.5mm/m；对非承重或内墙用的砌块，其干缩值应小于 0.6mm/m。

（2）粉煤灰砌块：属于硅酸盐类制品，是以粉煤灰、石灰、石膏和骨料（炉渣、矿渣）等为原料，经配料、加水搅拌、振动成型、蒸汽养护而制成的密实砌块。

粉煤灰砌块的干缩值比水泥混凝土的大，适用于墙体和基础，但不宜用于长期受高温和经常受潮湿的承重墙，也不宜用于有酸性介质侵蚀的部位。

（3）蒸压加气混凝土砌块：以钙质材料（水泥、石灰等）、硅质材料（砂、矿渣、粉煤灰等）以及加气剂（铝粉）等，经配料、搅拌、浇筑、发气、切割和蒸压养护而成的多孔砌块。

蒸压加气混凝土砌块质量轻，具有保温、隔热、隔声性能好、抗震性强、耐火性好、易于加工、施工方便等特点，是应用较多的轻质墙体材料之一。蒸压加气混凝土砌块适用于承重墙、间隔墙和填充墙，作为保温隔热材料，也可用于复合墙板和屋面结构中。在无可靠的防护措施时，该类砌块不得用于水中、高湿度和有侵蚀介质的环境中，也不得用于建筑物的基础和温度长期高于 80℃的建筑部位。

（4）轻骨料混凝土小型空心砌块：由水泥、砂（轻砂或普砂）、轻粗骨料、水等经搅拌、成型而得。所用轻粗骨料有粉煤灰陶粒、黏土陶粒、页岩陶粒、膨胀珍珠岩、自然煤矸石轻骨料、煤渣等。其主规格尺寸为 390mm×190mm×190mm。砌块按强度等级分为六级：1.5、2.5、3.5、5.0、7.5、10；按尺寸允许偏差和外观质量，分为一等品和合格品。

强度等级为 3.5 级以下的砌块主要用于保温墙体或非承重墙体；强度等级为 3.5 级及其以上的砌块主要用于承重保温墙体。

## 第五节　常用防水及保温材料

1．基础用防水材料的选择与技巧

一般来说，防止雨水、地下水、腐蚀性液体以及空气中的湿气、蒸汽等侵入建筑物的材料基本上都统称为防水材料。

现在市场上的防水材料众多，很多人不知道怎么去选择，但是防水对于自建房来说，非常关键。防水材料的质量不好，导致的结果就是返潮、长霉，进而影响结构安全与环境健康。对于常见的防水材料，可以从以下几个方面入手进行挑选。

（1）就防水卷材而言，首先看外观。① 看表面是否美观、平整、有无气泡、麻坑等；② 看卷材厚度是否均匀一致；③ 看胎体位置是否居中，有无未被浸透的现象（常说的露白槎）；④ 看断面油质光亮度；⑤ 看覆面材料是否粘结牢固。

（2）防水涂料。可看其颜色是否纯正，有无沉淀物等，然后将样片放入杯中，加入清水泡一泡，看看水是否变混浊，有无溶胀现象，有无乳液析出；然后再取出样片，拉伸时如果变糟变软，这样的材料长期处于泡水的环境是非常不利的，不能保证防水质量。

（3）闻一闻气味。以改性沥青防水卷材来说，符合国家标准的合格产品，基本上没有什么气味。在闻的过程中，要注意以下几点：① 有无废机油的味道；② 有无废胶粉的味道；③ 有无苯的味道；④ 有无其他异味。

质量好的改性沥青防水卷材在施工烘烤过程中，不太容易出油，一旦出油后就能粘结牢固。而有些材料极易出油，是因为其中加入了大量的废机油等溶剂，使得卷材变得柔软，然而当废机油挥发掉后，在很短的时间内，卷材就会干缩发硬，各种性能指标就会大幅下降，使用时寿命大大减少。

一般来说，对于防水涂料而言，有各种异味的涂料大多属于非环保涂料，应慎重选择。

（4）多问。多向商家询问、咨询，从了解的内容来分析、辨别、比较材料的质量。主要打听一下：① 厂家原材料的产地、规格、型号；② 生产线及设备状况；③ 生产工艺及管理水平。

（5）试一试。对于防水材料可以多试一试，比如可以用手摸、折、烤、撕、拉等，以手感来判断材料的质量。

以改性沥青防水卷材来说，应该具有以下几个方面的特点：① 手感柔软，有橡胶的弹性；② 断面的沥青涂盖层可拉出较长的细丝；③ 反复弯折，其折痕处没有裂纹。质量好的产品，在施工中无收缩变形、无气泡出现。

而三元乙丙防水卷材的特点则是：① 用白纸摩擦表面，无析出物；② 用手撕，不能撕裂或撕裂时呈圆弧状的质量较好。

对于刚性堵漏防渗材料来说，可以选择样品做实验，在固化后的样品表面滴上水滴，如果水滴不吸收，呈球状，质量就相对较好，反之则是劣质品。

2. 屋面防水材料的选择与技巧

经常使用的屋面防水材料主要包括以下几种：合成高分子防水卷材、高聚物改性沥青防水卷材、沥青防水卷材、高聚物改性沥青防水涂料、合成高分子防水涂料和细石混凝土等。

（1）合成高分子防水卷材。它是以合成橡胶、合成树脂或两者的共混体为基料，制成的可卷曲的片状防水材料。合成高分子防水卷材具有以下特点：

① 匀质性好。

② 拉伸强度高，完全可以满足施工和应用的实际要求。

③ 断裂伸长率高：合成高分子防水卷材的断裂伸长率都在100%以上，有的高达500%左右，可以较好地适应建筑工程防水基层伸缩或开裂变形的需要，确保防水质量。

④ 抗撕裂强度高。

⑤ 耐热性能好：合成高分子防水卷材在100℃以上的温度条件下，一般都不会流淌和产生集中性气泡。

⑥ 低温柔性好：一般都在-20℃以下，如三元乙丙橡胶防水卷材的低温柔性在-45℃以下。

⑦ 耐腐蚀能力强：合成高分子防水卷材的耐臭氧、耐紫外线、耐气候等能力强，耐老化性能好，比较耐用。

（2）高聚物改性沥青防水卷材。它是以合成高分子聚合物改性沥青为涂盖层，纤维织物或纤维毡为胎体，粉状、粒状、片状或薄膜材料为覆面材料，制成可卷曲的片状材料。高聚物改性沥青卷材常用的有弹性体改性沥青卷材（SBS改性沥青卷材）和塑性体改性沥青卷材（APP改性沥青卷材）两种。

（3）沥青防水卷材。它指的是有胎卷材和无胎卷材。凡是用厚纸或玻璃丝布、石棉布、棉麻织品等胎料浸渍石油沥青制成的卷状材料，称为有胎卷材；将石棉、橡胶粉等掺入沥青材料中，经碾压制成的卷状材料称为辊压卷材，即无胎卷材。

（4）高聚物改性沥青防水涂料。以沥青为基料，用合成高分子聚合物进行改性，配制成的水乳型或溶剂型防水涂料。与沥青基涂料相比，高聚物改性沥青防水涂料在柔韧性、抗裂性、强度、耐高低温性能、使用寿命等方面都有了较大的改进。常用的建材有氯丁橡胶改性沥青涂料、SBS改性沥青涂料及APP改性沥青涂料等，其具体性能及应用见表2-58。

表 2-58　　　　　常见高聚物改性沥青防水涂料

| 名　称 | 组　成 | 性　能 | 应　用 |
|---|---|---|---|
| 氯丁橡胶改性沥青涂料 | 一种高聚物改性沥青防水涂料 | 在柔韧性、抗裂性、拉伸强度、耐高低温性能、使用寿命等方面比沥青基涂料有很大改善 | 可广泛应用于屋面、地面、混凝土地下室和卫生间等的防水工程 |

续表

| 名　称 | 组　成 | 性　能 | 应　用 |
|---|---|---|---|
| SBS改性沥青涂料 | 采用石油沥青为基料，是改性剂并添加多种辅助材料配制而成的冷施工防水涂料 | 具有防水性能好、低温柔性好、延伸率高、施工方便等特点，具有良好的适应屋面变形能力 | 主要用于屋面防水层，防腐蚀地坪的隔离层，金属管道的防腐处理；水池、地下室、冷库、地坪等的抗渗、防潮等 |
| APP改性沥青涂料 | 以高分子聚合物和石油沥青为基料，与其他增塑剂、稀释剂等助剂加工合成 | 具有冷施工、表干快、施工简单、工期短等特点；具有较好的防水、防腐和抗老化性能；能形成涂层无接缝的防水膜 | 适用于各种屋面、地下室防水、防渗；斜沟、天沟建筑物之间连接处、卫生间、浴池、储水池等工程的防水、防渗 |

（5）合成高分子防水涂料。它是以合成橡胶或合成树脂为主要成膜物质，配制成的单组分或多组分的防水涂料。由于合成高分子材料本身的优异性能，以此为原料制成的合成高分子防水涂料具有高弹性、防水性、耐久性和优良的耐高低温性能。常用的建材有聚氨酯防水涂料、丙烯酸防水涂料、有机硅防水涂料等，具体性能及应用见表2-59。

表2-59　　　　　　　　　　　　常见合成高分子防水涂料

| 名　称 | 组　成 | 性　能 | 应　用 |
|---|---|---|---|
| 聚氨酯防水涂料 | 一种液态施工的环保型防水涂料，是以进口聚氨酯预聚体为基本成分，无焦油和沥青等添加剂 | 它与空气中的湿气接触后固化，在基层表面形成一层坚固的坚韧的无接缝整体防水膜 | 可广泛应用于屋面、地基、地下室、厨房、卫浴等的防水工程 |
| 丙烯酸防水涂料 | 一种高弹性彩色高分子防水材料，是以防水专用的自交联纯丙乳液为基础原料，配以一定量的改性剂、活性剂、助剂及颜料加工而成 | 无毒、无味、不污染环境，属环保产品；具有良好的耐老化、延伸性、弹性、黏结性和成膜性；防水层为封闭体系，整体防水效果好，特别适用于异形结构基层的施工 | 主要适用于各种屋面、地下室、工程基础、池槽、卫生间、阳台等的防水施工，也可适用于各种旧屋面修补 |
| 有机硅防水涂料 | 该涂料是以有机硅橡胶等材料配制而成的水乳性防水涂料，具有良好的防水性、憎水性和渗透性 | 涂膜固化后形成一层连续、均匀、完整一体的橡胶状弹性体，防水层无搭头接点，非常适合异形部位。具有良好的延伸率及较好的拉伸强度，可在潮湿表面上施工 | 适用于新旧屋面、楼顶、地下室、洗浴间、泳池、仓库的防水、防渗、防潮、隔气等用途，其寿命可达20年 |

3. 墙体保温材料的选择与技巧

墙体保温材料的选择可根据所选择的墙体保温方法选择材料，其主要内容见表2-60。

**表 2-60** 　　　　　　　　　　墙体保温做法及材料选择

| 施工做法 | 材料选择与技巧 |
|---|---|
| 内保温法 | 常用的做法有贴保温板、粉刷石膏（即在墙上粘贴聚苯板，然后用粉刷石膏做面层）、聚苯颗粒胶粉等。内保温虽然保温性能不错，施工也比较简单，但是对外墙某些部位，如内外墙交接处则难以处理，从而形成"热桥"效应。另外，将保温层直接做在室内，一旦出现问题，维修时对居住环境影响较大 |
| 外保温法 | 保温材料可选用聚苯板或岩棉板，采取粘结及锚固件与墙体连接，面层做聚合物砂浆用玻纤网格布增强；对现浇钢筋混凝土外墙，可采用模板内置保温板的复合浇筑方法，使结构与保温同时完成；也可采取聚苯颗粒胶粉在现场喷、抹形成保温层的方法；还可以在工厂制成带饰面层的复合保温板，到现场安装，用锚固件固定在外墙上 |
| 夹心保温法 | 即把保温材料（聚苯、岩棉、玻璃棉等）放在墙体中间，形成夹芯墙。这种做法将墙体结构和保温层同时完成，对保温材料的保护较为有利。但由于保温材料把墙体分为内外"两层"，因此在内外层墙皮之间必须采取可靠的拉结措施，尤其是对于有抗震要求的地区，措施更是要严格到位 |

### 4. 屋面保温材料的选择与技巧

市面上屋面保温材料有很多种类，应用范围也很广。屋面保温材料应选用孔隙多、表观密度小、导热系数（小）的材料。常用屋面保温材料的主要内容见表 2-61。

**表 2-61** 　　　　　　　　　　常用屋面保温材料

| 名　称 | 内　容 |
|---|---|
| 憎水珍珠岩保温板 | 它具有重量轻、憎水率高、强度好、导热系数小、施工方便等优点，是其他材料无法比拟的。它广泛用于屋顶、墙体、冷库、粮仓及地下室的保温、隔热和各类保冷工程 |
| 岩棉保温板 | 以玄武岩及其他天然矿石等为主要原料，经高温熔融成纤维，加入适量胶粘剂，固化加工而制成的。建筑用岩棉板具有优良的防火、保温和吸声性能。它主要用于建筑墙体、屋顶的保温隔声，建筑隔墙、防火墙、防火门的防火和降噪 |
| 膨胀珍珠岩 | 它具有无毒、无味、不腐、不燃、耐碱、耐酸、重量轻、绝热、吸声等性能，使用安全，施工方便 |
| 聚苯乙烯膨胀泡沫板（EPS板） | 它属于有机类保温材料，是以聚苯乙烯树脂为基料，加入发泡剂等辅助材料，经加热发泡而成的轻质材料 |
| XPS挤塑聚苯乙烯发泡硬质隔热保温板 | 由聚苯乙烯树脂及其他添加剂通过连续挤压出成型的硬质泡沫塑料板，简称XPS保温板。XPS保温板因采用挤压过程而制造出拥有连续均匀的表面和闭孔式蜂窝结构，这些蜂窝结构的互连壁有一致的厚度，完全不会出现间隙。这种结构让XPS保温板具有良好的隔热性能、低吸水性和抗压强度高等特点 |
| 水泥聚苯小型空心轻质砌块 | 这种砌块是利用废聚苯和水泥制成的空心砌块，可以改善屋面的保温、隔热性能，有390mm×190mm×190mm、390mm×90mm×190mm两种规格，前者主要用于平屋面，后者主要用于坡屋面 |
| 泡沫混凝土保温隔热材料 | 利用水泥等胶凝材料，大量添加粉煤灰、矿渣、石粉等工业废料，是一种利废、环保、节能的新型屋面保温隔热材料。泡沫混凝土保温隔热材料制品具有轻质高强、保温隔热、物美价廉、施工速度快等显著特点。既可制成泡沫混凝土屋面保温板，又可根据要求现场施工，直接浇筑，施工省时、省力 |

| 名　称 | 内　容 |
|---|---|
| 玻璃棉 | 属于玻璃纤维中的一个类别，是一种人造无机纤维。采用石英砂、石灰石、白云石等天然矿石为主要原料，配合一些纯碱、硼砂等化工原料熔成玻璃。在融化状态下，借助外力吹制成絮状细纤维，纤维和纤维之间为立体交叉，互相缠绕在一起，呈现出许多细小的间隙，具有良好的绝热、吸声性能 |
| 玻璃棉毡 | 为玻璃棉施加胶粘剂，加温固化成型的毡状材料。其容重比板材轻，有良好的回弹性，价格便宜、施工方便。玻璃棉毡是为适应大面积敷设需要而制成的卷材，除保持了保温隔热的特点外，还具有十分优异的减振、吸声特性，尤其对中低频和各种振动噪声均有良好的吸收效果，有利于减少噪声污染，改善工作环境 |

# 第三章 装配式建筑基础的类型与施工

## 第一节 基础类型与构造

装配式建筑的基础一般都采用钢筋混凝土基础，所以装配式建筑的基础与普通钢筋混凝土结构建筑的基础无太大差异，装配式建筑基础类型与构造如下。

1. 装配式建筑基础的类型

由于装配式建筑基础与钢筋混凝土结构建筑基础无太大差异，下面也把装配式建筑的常用基础分为桩基础和浅基础，具体划分结构如下：

```
                    装配式建筑常用基础类型
                   ┌──────────┴──────────┐
                 浅基础                   桩基础
          ┌────────┼────────┐      ┌────────┼────────┐
        条形基础  独立基础  筏板基础   钢桩   混凝土预制桩  锤击沉桩
```

2. 装配式建筑基础的构造

装配式建筑基础构造的具体内容见表3-1。

表 3-1　　　　　　　　　　装配式建筑基础的构造内容

| 名称 | 内　容 | 图　例 |
|------|--------|--------|
| 条形基础 | 当地基较为软弱、柱荷载或地基压缩性分布不均匀，以至于采用扩展基础可能产生较大的不均匀沉降时，常将同一方向（或同一轴线）上若干柱子的基础连成一体而形成柱下条形基础 | 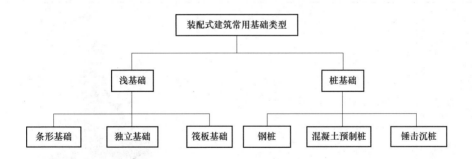 |

| 名称 | 内　容 | 图　例 |
|---|---|---|
| 独立基础 | 建筑物上部结构采用框架结构或单层排架结构承重时，基础常采用圆柱形和多边形等形式的独立式基础，这类基础称为独立式基础，也称单独基础 | |
| 筏板基础 | 筏型基础又叫筏板型基础，即满堂基础或满堂红基础。是把柱下独立基础或者条形基础全部用连系梁联系起来，下面再整体浇筑底板。由底板、梁等整体组成 | |
| 钢桩 | 钢桩施工适用于一般钢管桩或 H 型钢桩基础工程 | |
| 混凝土预制桩 | 提前在预制厂用钢筋、混凝土经过加工后得到的桩 | |
| 锤击沉桩 | 锤击沉桩是利用桩锤下落时的瞬时冲击机械能，克服土体对桩的阻力，使其静力平衡状态遭到破坏，导致桩体下沉，达到新的静压平衡状态，如此反复地锤击桩头，桩身也就不断地下沉。锤击沉桩是预制桩最常用的沉桩方法 | |

## 第二节　地基的定位与放线

### 一、建筑定位的基本方法

建筑四周外廓主要轴线的交点决定了建筑在地面上的位置，称为定位点或角点。建筑的定位是根据设计条件，将定位点测设到地面上，作为细部轴线放线和基础放线的依据。由于设计条件和现场条件不同，建筑的定位方法也有所不同，以下为三种常见的定位方法。

1. 根据控制点定位

如果待定位建筑的定位点设计坐标已知，且附近有高级控制点可供利用，可根据实际情况选用极坐标法、角度交会法或距离交会法来测设定位点。在这三种方法中，极坐标法是用得最多的一种定位方法。

2. 根据建筑方格网和建筑基线定位

如果待定位建筑的定位点设计坐标已知，并且建筑场地已设有建筑方格网或建筑基线，可利用直角坐标系法测设定位点（图 3–1）。过程如下。

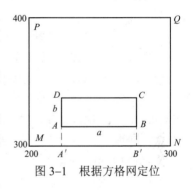

图 3–1　根据方格网定位

（1）根据坐标值可计算出建筑的长度、宽度和放样所需的数据。

如图 3–1 所示，$M$、$N$、$P$、$Q$ 是建筑方格网的四个点，坐标位于图上，$A$、$B$、$C$、$D$ 是新建筑的四个交点，坐标为：$A$（316.00，226.00），$B$（316.00，268.24），$C$（328.24，268.24），$D$（328.24，226.00）。

很容易计算得到新建筑的长、宽尺寸：

$$a=268.24–226.00=42.24（\text{m}）；b=328.24–316.00=12.24（\text{m}）$$

（2）按照直角坐标法的水平距离和角度测设的方法进行定位轴线交点的测设，得到 $A$、$B$、$C$、$D$ 四个交点。

（3）检查调整：实际测量新建筑的长、宽与计算所得进行比较，满足边长误差不大于 1/2000，测量 4 个内角与 90° 比较，满足角度误差不大于 ±40″。

3. 根据与原有建筑和道路的关系定位

如果设计图上只给出新建筑与附近原有建筑或道路的相互关系，而没有提供建筑定位点的坐标，周围又没有测量控制点、建筑方格网和建筑基线可供利用，可根据原有建筑的边线或道路中心线将新建筑的定位点测设出来。

测设的基本方法如下：在现场先找出原有建筑的边线或道路中心线，再用全站仪或经纬仪和钢尺将其延长、平移、旋转或相交，得到新建筑的一条定位直线，然后根据这条定位轴线，测设新建筑的定位点。

根据与原有建筑的关系定位：如图 3-2 所示，拟建建筑的外墙边线与原有建筑的外墙边线在同一条直线上，两栋建筑的间距为 10m，拟建建筑四周长轴为 40m，短轴为 18m，轴线与外墙边线间距为 0.12m，可按下述方法测设其四个轴线的交点。

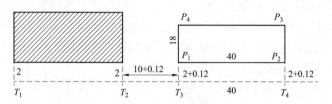

图 3-2　根据与原有建筑的关系定位

（1）沿原有建筑的两侧外墙拉线，用钢尺顺线从墙角往外量一段较短的距离（这里设为 2m，在地面上定出 $T_1$ 和 $T_2$ 两个点，$T_1$ 和 $T_2$ 的连线即为原有建筑的平行线。

（2）在 $T_1$ 点安置经纬仪，照准 $T_2$ 点，用钢尺从 $T_2$ 点沿视线方向量取 10m+0.12m，在地面上定出 $T_3$ 点，再从 $T_3$ 点沿视线方向量取 40m，在地面上定出点 $T_4$，$T_3$ 和 $T_4$ 的连线即为拟建建筑的平行线，其长度等于长轴尺寸。

（3）在 $T_3$ 点安置经纬仪，照准 $T_4$ 点，逆时针测设 90°，在视线方向上量 2m+0.12m，在地面上定出 $P_1$ 点，再从 $P_1$ 点沿视线方向量取 18m，在地面上定出 $P_4$ 点。同理，在 $T_4$ 点安置经纬仪，照准 $T_3$ 点，顺时针测设 90°，在视线方向上量取 2m+0.12m，在地面上定出 $P_2$ 点，再从 $P_2$ 点沿视线方向量取 18m，在地面上定出 $P_3$ 点。则 $P_1$、$P_2$、$P_3$ 和 $P_4$ 点即为拟建建筑的四个定位轴线点。

（4）在 $P_1$、$P_2$、$P_3$ 和 $P_4$ 点上安置经纬仪，检核 4 个大角是否为 90°，用钢尺丈量 4 条轴线的长度，检核长轴是否为 40m，短轴是否为 18m；需要边长误差不大于 1/2000，角度误差不大于 ±40″。

**二、定位标志桩的设置**

依照上述定位方法进行定位的结果是测定出建筑物的四廓大角桩，进而根据轴线间距尺寸沿四廓轴线测定出各细部轴线桩。但施工中要干挖基槽或基坑，必然会把这些桩点破坏掉。为了保证挖槽后能够迅速、准确地恢复这些桩位，一般采取先测设建筑物四廓各大角的控制桩，即在建筑物基坑外 1～5m 处，测设与建筑物四廓平行的建筑物控制桩（俗称保险桩，包括角桩、细部轴线引桩等构成建筑物控制网），作为进行建筑物定位和基坑开挖后开展基础放线的依据。

### 三、放线

建筑物四廊和各细部轴线测定后，即可根据基础图及土方施工方案用内灰撒出灰线，作为开挖土方的依据。

放线工作完成后要进行自检，自检合格后应提请有关技术部门和监理单位进行验线。验线时首先检查定位依据桩有无变动及定位条件的几何尺寸是否正确，然后检查建筑物四廊尺寸和轴线间距，这是保证建筑物定位和自身尺寸正确性的重要措施。

对于沿建筑红线兴建的建筑物在放线并自检以后，除了提请有关技术部门和监理单位进行验线以外，还要由城市规划部门验线，合格后方可破土动工，以防新建建筑物压红线或超越红线的情况发生。

### 四、基础放线

根据施工程序，基槽或基坑开挖完成后，要做基础垫层。当垫层做好后，要在垫层上测设建筑物各轴线、边界线、基础墙宽线和柱位线等，并以墨线弹出作为标志，这项测量工作称为基础放线，又俗称为摆底。这是最终确定建筑物位置的关键环节，应在对建筑物控制桩进行校核并合格的情况下，再依据它们仔细施测出建筑物主要轴线，再经闭合校核后，详细放出细部轴线，所弹墨线应清晰、准确，精度要符合《砌体结构工程施工质量验收规范》（GB 50203—2011）中的有关规定，基础放线、验线的误差要求见表 3-2。

表 3-2　　　　　　　　　　　基础放线尺寸的允许偏差

| 长度 L、宽度 B 的尺寸/m | 允许偏差/mm | 长度 L、宽度 B 的尺寸/m | 允许偏差/mm |
|---|---|---|---|
| L（B）≤30 | ±5 | 60<L（B）≤90 | ±15 |
| 30<L（B）≤60 | ±10 | 90<L（B） | ±20 |

## 第三节　钢筋混凝土基础的施工

钢筋混凝土基础的施工以条形基础、独立基础、筏板基础的施工做法为例进行解读，具体操作细节如下。

### 一、条形基础施工

施工流程：模板的加工及配装→基础浇筑→基础养护。

### 1. 模板的加工及拼装

基础模板一般由侧板、斜撑、平撑组成（图 3-3）。

图 3-3　条形基础模板的拼装

经验指导：基础模板安装时，先在基槽底弹出基础边线，再把侧板对准边线垂直竖立，校正调平无误后，用斜撑和平撑钉牢。如基础较大，可先立基础两端的两侧板，校正后在侧板上口拉通线，依照通线再立中间的侧板。当侧板高度大于基础台阶高度时，可在侧板内侧按台阶高度弹准线，并每隔 2m 左右准线上钉圆顶，作为浇捣混凝土的标志。每隔一定距离左侧板上口钉上搭头木，防止模板变形。

### 2. 基础浇筑

基础浇筑（图 3-4）分段分层连续进行，一般不留施工缝。

经验指导：各段各层间相互衔接，每段长 2～3m，逐段逐层呈阶梯型推进，注意先使混凝土充满模板边角，然后浇筑中间部分，以保证混凝土密实。

图 3-4　条形基础混凝土浇筑

当条形基础长度较大时，应考虑在适当的部位留置贯通后浇带，以避免出现温度收缩裂缝，便于进行施工分段流水作业；对超厚的条形基础，应考虑较低水泥水化热和浇筑入模的湿度措施，以免出现过大温度收缩应力，导致基础底板裂缝。

### 3. 基础养护

基础浇筑完毕，表面应覆盖和洒水养护不少于 14d，必要时应用保温养护措施，并防止浸泡地基。

### 4. 条形基础施工的注意事项

（1）地基开挖如有地下水，应用人工降低地下水位至基坑底 50cm 以下部位，保持在污水的情况下进行土方开挖和基础结构施工。

（2）侧模在混凝土强度保证其表面积棱角不因拆除模板而受损坏后可拆除，底模的拆除根据早拆体系中的规定进行。

## 二、独立基础施工

施工流程：清理及垫层浇筑→独立基础钢筋绑扎→模板安装→清理→混凝土浇筑→混凝土振捣→混凝土找平→混凝土养护。

1. 清理及垫层浇筑

地基验槽完成后，清除表面浮土及扰动土，不留积水，立即进行垫层混凝土施工。垫层混凝土必须振捣密实，表面平整，严禁晾晒基土。

2. 独立基础钢筋绑扎

垫层浇灌完成后，混凝土达到 1.2MPa 后，表面弹线进行钢筋绑扎（图 3-5），钢筋绑扎不允许漏扣，柱插筋弯钩部分必须与底板筋成 45°绑扎，连接点处必须全部绑扎，距底板 5cm 处绑扎第一个箍筋，距基础顶 5cm 处绑扎最后一个箍筋，作为标高控制筋及定位筋。柱插筋最上部再绑扎一道定位筋，上下箍筋及定位箍筋绑扎完成后将柱插筋调整到位，并用井字木架临时固定，然后绑扎剩余箍筋，保证柱插筋不变形走样，两道定位筋在基础混凝土浇筑完成后，必须进行更换。

经验指导：钢筋绑扎好后地面及侧面搁置保护层塑料垫块，厚度为设计保护层厚度，垫块间距不得大于100mm（视设计钢筋直径确定），以防出现漏筋的质量通病。

图 3-5　独立基础钢筋绑扎

3. 模板安装

钢筋绑扎及相关施工完成后立即进行模板安装，模板采用小钢模或木模，利用架子管或木方加固。锥形基础坡度小于 30°时，采用斜模板支护，利用螺栓与底板钢筋拉紧，防止上浮，模板上设透气和振捣孔；坡度不大于 30°时，利用钢丝网（间距 30cm）防止混凝土下坠，上口设井字木控制钢筋位置。不得用重物冲击模板，不准在吊帮的模板上搭设脚手架，保证模板的牢固和严密。

4. 清理

清楚模板内的木屑、泥土等杂物，木模浇水湿润，堵严板缝和孔洞。

5. 混凝土浇筑

混凝土浇筑（图3-6）应分层连续进行，间歇时间不超过混凝土初凝时间，一般不超过2h，为保证钢筋位置正确，先浇一层5～10cm混凝土固定钢筋。

经验指导：台阶型基础每一台阶高度整体浇筑，每浇筑完一台阶停顿0.5h待其下沉，再浇上一层。分层下料，每层厚度为振动棒的有效长度。防止由于下料过厚、振捣不实或漏振、吊帮的根部砂浆涌出等原因造成蜂窝、麻面或孔洞。

图3-6 独立基础混凝土浇筑

6. 混凝土振捣

混凝土振捣（图3-7）：采用插入式振捣器，插入的间距不大于振捣器作用部分长度的1.25倍。上层振捣棒插入下层3～5cm。尽量避免碰撞预埋件、预埋螺栓，防止预埋件移位。

7. 混凝土找平

混凝土浇筑后，表面比较大的混凝土，使用平板振捣器振一遍，然后用刮杆刮平，再用木抹子搓平。收面前必须校核混凝土表面标高，不符合要求处立即整改。

图3-7 独立基础混凝土振捣

8. 混凝土养护

已浇筑完的混凝土，应在12h内覆盖和浇水。一般常温养护不得少于7d，特种混凝土养护不得少于14d。养护设专人检查落实，防止由于养护不及时，造成混凝土表面裂缝。

9. 独立基础施工要点总结

（1）顶板的弯起钢筋、负弯矩钢筋绑扎好后，应做保护，不准在上面踩踏行走。浇筑混凝土时派钢筋工专门负责修理，保证负弯矩筋位置的正确性。

（2）混凝土泵送时，注意不要将混凝土泵车料内剩余混凝土降低到20cm，以免吸入空气。

（3）控制坍落度，在搅拌站及现场专人管理，每隔 2～3h 测试一次。

### 三、筏板基础施工

施工流程：模板加工及拼装→钢筋制作和绑扎→混凝土浇筑、振捣及养护。

1. 模板加工及拼装

（1）模板通常采用定型组合钢模板、U 形环连接。垫层面清理干净后，先分段拼装，模板拼装前先刷好隔离剂（隔离剂主要用机油）。

外围侧模板的主要规格为 1500mm×300mm、1200mm×300mm、900mm×300mm、600mm×300mm。模板支撑在下部的混凝土垫层上，水平支撑用钢管及圆木短柱、木楔等支在四周基坑侧壁上。

基础梁上部比筏板面高出 50mm 的侧模用 100mm 宽组合钢模板拼装，用钢丝拧紧，中间用垫块或钢筋头支撑，以保证梁的截面尺寸。模板边的顺直拉线校正，轴线、截面尺寸根据垫层上的弹线检查校正。模板加固检验完成后，用水准仪定标高，在模板面上弹出混凝土上表面平线，作为控制混凝土标高的依据。

（2）模的顺序为先拆模板的支撑管、木楔等，松连接件，再拆模板，清理，分类归堆。拆模前混凝土要达到一定强度，保证拆模时不损坏棱角。

2. 钢筋制作和绑扎

（1）对于受力钢筋，HPB300 钢筋末端（包括用作分布钢筋的光圆钢筋）做 180° 弯钩，弯弧内直径不小于 2.5$d$，弯后的平直段长度不小于 3$d$。对于螺纹钢筋，当设计要求做 90° 或 135° 弯钩时，弯弧内直径不小于 5$d$。对于非焊接封闭筋，末端做 135° 弯钩，弯弧内直径除不小于 2.5$d$ 外，还不应小于箍筋内受力纵筋直径，弯后的平直段长度不小于 10$d$。

（2）钢筋绑扎施工前，在基坑内搭设高约 4m 的简易暖棚，以遮挡雨雪及保持基坑气温，避免垫层混凝土在钢筋绑扎期间遭受冻害。立柱用 $\phi$50 钢管，间距为 3.0m，顶部纵横向平杆均为 $\phi$50 钢管，组成的管网孔尺寸为 1.5m×1.5m，其上铺木板、方钢管等，在木板上覆彩条布，然后满铺草帘。棚内照明用普通白炽灯泡，设两排，间距 5m。

（3）基础梁及筏板筋的绑扎流程（图 3-8）：弹线→纵向梁筋绑扎、就位→筏板纵向下层筋布置→横向梁筋绑扎、就位→筏板横向下层筋布置→筏板下层网片绑扎→支撑马凳筋布置→筏板横向上层筋布置→筏板纵向上层筋布置→筏板上层网片绑扎。

3. 混凝土浇筑、振捣及养护

（1）浇筑的顺序按照事情先后顺序进行，如建筑面积较大，应划分施工段，分段浇筑。

经验指导：钢筋的接头形式，筏板内受力筋及分布筋采用绑扎搭接，搭接位置及搭接长度按设计要求。基础架纵筋采用单面（双面）搭接电弧焊，焊接接头位置及焊缝长度按设计及规范要求留置，焊接试件按规范要求试验。

图 3-8　筏板钢筋现场绑扎

（2）搅拌时采用石子→水泥→砂或砂→水泥→石子的投料顺序，搅拌时间不少于 90s，保证拌合物搅拌均匀。

（3）混凝土振捣采用插入式振捣棒。振捣时振动棒要快插慢拔，插点均匀排列，逐点移动，按序进行，以防漏振。插点间距约 40cm。振捣至混凝土表面出浆，不再泛气泡时即可。

（4）浇筑混凝土（图 3-9）连续进行，若因非正常原因造成浇筑暂停，当停歇时间超过水泥初凝时间时，接槎处按施工缝处理。施工缝应留直槎，继续浇筑混凝土前对施工缝处理方法为：先剔除接槎处的浮动石子，再摊少量高强度等级的水泥砂浆均匀撒开，然后浇筑混凝土，振捣密实。

施工小常识：浇筑筏板混凝土时不需分层，一次浇筑成型，虚摊混凝土时比设计标高先稍高一些，待振捣均匀密实后用木抹子按标高线搓平即可。

图 3-9　筏板基础混凝土浇筑

**4. 筏板基础施工要点总结**

（1）开挖基坑应注意保持基坑底土的原状结构，尽量不要扰动。当采用机械开挖基坑时，在基坑地面设计标高以上保留 200～400mm 厚土层，采用人工挖除并清理干净。如果不能立即进行下道工序施工，应保留 100～200mm 厚土层，在下道工序施工前挖除，以防止地基土被扰动。在基坑验槽后，应立即浇筑混凝土垫层。

（2）基础浇筑完毕，表面应覆盖和洒水养护，并防止浸泡地基。待混凝土强度达到设计强度的 25%以上时，即可拆除梁的侧模。

（3）当混凝土基础达到设计强度的 30%时，应进行基坑回填。基坑回填应在四周同时进行，并按基底排水方向由高到低分层进行。

# 第四节　基础施工常见质量问题

1. 基础筏板梁浇筑后存在龟裂缝

（1）图 3-10 所示为施工现场基础筏板梁浇筑后存在龟裂缝。

（2）产生原因。

基础筏板出现龟裂缝的原因很多，主要有以下几点：

1）底板太长，一次浇捣施工可能开裂，裂缝垂直于长向，裂缝之间距离大体相等，距离在 20～30m 之间，裂缝现在应该已经稳定了。该类裂缝属于温度变形裂缝，是施工不当。

2）梁裂缝在跨中，板裂缝在板中部，向四角呈放射状。形成原因如下：

① 设计时，地下水浮力考虑偏低，梁板承载力不够。

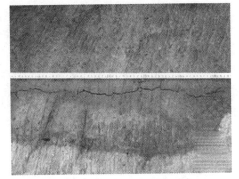

图 3-10　施工现场中基础筏板
梁浇筑后存在龟裂缝

② 施工中钢筋放少了、板厚不足或混凝土强度不足，属于偷工减料。

③ 在底板未达到混凝土强度时停止降水，在底板强度不足时承受过大地下水荷载造成开裂，属于施工技术不当。

3）裂缝没有任何规则，属于混凝土本身原因，干缩过大，属于选材不当。

（3）解决方法。

属强度不足的，采用粘钢加固；强度没问题的，注浆堵漏加固。

1）表面处理法：包括表面涂抹和表面贴补法。表面涂抹适用范围是浆材难以灌入的细而浅的裂缝，深度未达到钢筋表面的发丝裂缝，不漏水的缝，不伸缩的裂缝以及不再活动的裂缝。表面贴补（土工膜或其他防水片）法适用于大面积漏水（蜂窝麻面等或不易确定具体漏水位置、变形缝）的防渗堵漏。

2）填充法。用修补材料直接填充裂缝，一般用来修补较宽的裂缝（＞0.3mm），作业简单，费用低。宽度小于 0.3mm、深度较浅的裂缝，或是裂缝中有充填物，用灌浆法很难达到效果的裂缝，以及小规模裂缝的简易处理可采取开 V 形槽，然后做填充处理。

3）灌浆法：此法应用范围广，从细微裂缝到大裂缝均可适用，处理效果好。

4）结构补强法。因超荷载产生的裂缝、裂缝长时间不处理导致的混凝土耐久性降低、火灾造成的裂缝等影响结构强度，可采取结构补强法，包括断面补强法、锚固补强法、预应力法等。混凝土裂缝处理效果的检查包括修补材料试验、钻心取样试验、压水试验、压气试验等。

2. 普通钢筋混凝土预制桩桩身断裂

（1）图 3-11 所示为施工现场中钢筋混凝土预制桩桩身断裂的施工图片。

(a)　　　　　　　　　　　　　(b)

图 3-11　混凝土预制桩桩身断裂

（a）桩头破损；（b）桩身断裂

（2）产生原因。

1）桩身在施工中出现较大弯曲，在反复的集中荷载作用下，当桩身不能承受抗弯强度时，即产生断裂。桩身产生弯曲的原因有：

① 一节桩的细长比过大，沉入时，又遇到较硬的土层。

② 桩制作时，桩身弯曲超过规定，桩尖偏离桩的纵轴线较大，沉入时桩身发生倾斜或弯曲。

③ 桩入土后，遇到大块坚硬障碍物，把桩尖挤向一侧。

④ 稳桩时不垂直，打入地下一定深度后，再用走桩架的方法校正，使桩身产生弯曲。

⑤ 采用“植桩法”时，钻孔垂直偏差过大。桩虽然是垂直立稳放入，但在沉桩过程中，桩又慢慢顺钻孔倾斜沉下而产生弯曲。

2）桩在反复长时间打击中，桩身受到拉、压应力，当拉应力值大于混凝土抗拉强度时，桩身某处即产生横向裂缝，表面混凝土剥落，如拉应力过大，混凝土发生破碎，桩即断裂。

3）制作桩的水泥强度等级不符合要求，砂、石中含泥量大或石子中有大量碎屑，使桩身局部强度不够，施工时在该处断裂。桩在堆放、起吊、运输过程中，也能产生裂纹或断裂。

4）桩身混凝土强度等级未达到设计强度即进行运输与施打。

5）在桩沉入过程中，某部位桩尖土软硬不均匀，造成突然倾斜。

（3）解决方法。当施工中出现断裂桩时，应及时会同设计人员研究处理办法。根据工程地质条件、上部荷载及桩所处的结构部位，可以采取补桩的方法。条基补一根桩时，可在轴线内、外补；补两根桩时，可在断桩的两侧补。柱基群桩时，补桩可在承台外对称补或承台内补。

3. 钻孔灌注桩出现塌孔现场

（1）图 3-12 所示为施工现场中钻孔灌注桩出现的问题。成孔后，孔壁局部塌落。

　　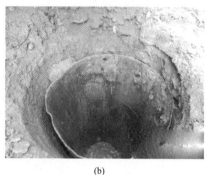

(a)　　　　　　　　　　　　　　(b)

图 3-12　钻孔坍塌

（a）缩孔；（b）孔壁坍塌

（2）产生原因。

1）在有砂卵石、卵石或流塑淤泥质土夹层中成孔，这些土层不能直立而塌落。

2）局部有上层滞水渗漏作用，使该层土坍塌。

3）成孔后没有及时浇筑混凝土。

4）出现饱和砂或干砂的情况下也易塌孔。

（3）解决方法。

1）在砂卵石、卵石或流塑淤泥质土夹层等地基土处进行桩基施工时，应尽可能不采用干作业钻孔灌注桩方案，而应采用人工挖孔并加强护壁的施工方法或湿作业施工法。

2）在遇有上层滞水可能造成的塌孔时，可采用以下两种办法处理：

① 在有上层滞水的区域内采用电渗井降水。

② 正式钻孔前一星期左右，在有上层滞水区域内，先钻若干个孔，深度透过隔水层到砂层，在孔内填进级配卵石，让上层滞水渗漏到下面的砂卵石层，然后再进行钻孔灌注桩施工。

3）为核对地质资料、检验设备、施工工艺以及设计要求是否适宜，钻孔桩在正式施工前，宜进行"试成孔"，以便提前做出相应的保证正常施工的措施。

4）先钻至塌孔以下 1～2m，用豆石混凝土或低强度等级混凝土（C10）填至塌孔以上 1m，待混凝土初凝后，使填的混凝土起到护圈作用，防止继续坍塌，再钻至设计标高。也可采用 3:7 灰土夯实代替混凝土。

5）钻孔底部如有砂卵石、卵石造成的塌孔，可采用钻探的办法，保证有效桩长满足设计要求。

6）采用中心压灌水泥浆护壁工法，可解决滞水所造成的塌孔问题。

# 第四章　装配式建筑构件的制作与运输

## 第一节　装配式建筑常用构件种类

装配式建筑按照所使用材料类型不同，可将其分为装配式混凝土建筑和装配式钢结构建筑两大类。下面就从装配式混凝土建筑和装配式钢结构建筑这两个角度出发，对每种建筑所使用的常用构件进行介绍。

### 一、装配式混凝土建筑常用构件种类

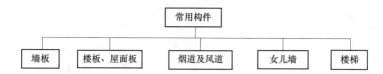

#### 1. 墙板
（1）按材料分类。

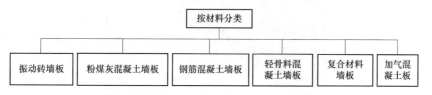

1）振动砖墙板。一般采用普通烧结黏土砖或多孔黏土砖制作而成，灰缝填以砂浆，采用振捣器振实，面层厚度分为 140mm 和 210mm 两种，分别用于承重内墙板和外墙板（图 4-1），振动砖墙板的具体类型及参数见表 4-1。

表 4-1　　　　　　　　　振动砖墙板的具体参数

| 名称 | 材料 | 材料强度等级 | 墙板规格 | 用途 |
|---|---|---|---|---|
| 普通黏土砖墙板 | 砖（240mm×115mm×53mm）<br>水泥砂浆<br>普通混凝土（板肋部位） | 大于 MU7.5<br>M10<br>大于 C15 | 一间一块、厚 140mm | 承重内墙板 |
| 多孔黏土砖墙板 | 砖（240mm×115mm×90mm，孔率 19%）<br>水泥砂浆<br>普通混凝土（板肋部位） | M10<br>M10<br>C20 | 一间一块、厚 140mm | 承重内墙板 |

续表

| 名称 | 材料 | 材料强度等级 | 墙板规格 | 用途 |
|---|---|---|---|---|
| 多孔黏土砖墙板 | 砖（240mm×180mm×115mm，孔率28%）<br>水泥砂浆<br>普通混凝土（板肋部位） | MU10<br>M7.5<br>C20 | 一间一块、厚210mm | 自承重外墙板 |

经验指导：振动砖墙板的制作一般采用在台座上进行，也可利用建筑物的房心地面做台座，生产墙板。

图4-1　振动砖墙外墙板

2）粉煤灰矿渣混凝土墙板。粉煤灰矿渣混凝土墙板（图4-2）的原材料全部或大部分均采用工业废料制成，有利于贯彻环保的要求。其具体参数见表4-2。

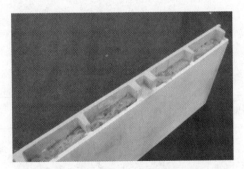

图4-2　粉煤灰矿渣混凝土墙板

表4-2　　　　　　　　　　粉煤灰矿渣混凝土墙板具体参数

| 墙板类别 | 强度等级 | 胶结材料<br>粉煤灰:生石灰:石膏 | 水胶比 | 胶结料:细骨料:粗骨料 | 砂率（%） | 坍落度/cm |
|---|---|---|---|---|---|---|
| 内墙板<br>外墙板 | C15<br>C10 | 65:35:5<br>65:35:5 | 0.75～0.85<br>0.80～0.90 | 1:（1.4～1.5）:（2.4～2.7）<br>1:1.3:1.9 | 36<br>40 | 8～10<br>6～8 |

3）钢筋混凝土墙板。钢筋混凝土墙板多用于承重内墙板，南方多为空心墙板（图4-3），北方多为实心墙板（图4-4）。

图 4-3　空心墙板

图 4-4　实心墙板

4）轻骨料混凝土墙板。轻骨料混凝土墙板（图 4-5）以粉煤灰陶粒、页岩陶粒、浮石、膨胀矿渣珠、膨胀珍珠岩等轻骨料配制而成的混凝土，制作单一材料的外墙板。质量密度小于 1900kg/m³，以满足外墙围护功能的要求。

图 4-5　轻骨料混凝土墙板

5）复合材料墙板。复合材料墙板的具体内容见表 4-3。

表 4-3　　　　　　　　　　　复合材料墙板的具体内容

| 名　称 | 材　料 | 材料强度等级 | 规　格 |
|---|---|---|---|
| 加气混凝土夹层墙板 | 结构层：普通混凝土<br>保温层：加气混凝土<br>面层：细石混凝土 | C20<br>C30<br>C15 | 厚 100mm、125mm<br>厚 125mm<br>厚 25mm、30mm |
| 无砂大孔炉渣混凝土夹层墙板 | 结构层：水泥炉渣混凝土<br>保温层：水泥矿渣无砂大孔混凝土<br>面层：水泥砂浆 | C10<br>C30<br>M7.5 | 厚 80mm<br>厚 200mm<br>厚 20mm |
| 混凝土岩棉复合墙板 | 结构层：普通混凝土<br>保温层：岩棉<br>面层：细石混凝土 | C20<br>C15 | 厚 150mm<br>厚 50mm<br>厚 50mm |

6）加气混凝土板材。加气混凝土板材（图4-6）是由水泥（或部分用水淬矿渣、生石灰代替）和含硅材料（如砂、粉煤灰、尾矿粉等）经过磨细并加入发气剂（如铝粉）和其他材料按比例配合，再经料浆浇注、发气成型、静停硬化、坯体切割与蒸汽养护（蒸压或蒸养）等厂序制成的一种轻质多孔建筑材料，配筋后可制成加气混凝土条板，用于外墙板、隔墙板。

板材用途：框架挂板或隔墙板。

板材规格：长度为2700～6000mm，按300mm变动；宽度为600mm；厚度为100～250mm，按25mm变动。

2. 楼板、屋面板

装配式大板建筑的楼板（图4-7），主要采取横墙承重布置，大部分设计成按房间大小的整间大楼板，有预应力和非预应力之分，类型有实心板、空心板、轻质材料填芯板。

图4-6 加气混凝土板材　　　图4-7 装配式建筑预制楼板

楼板有整间一块带阳台或半间一块带阳台。屋面板较多的做法是带挑檐。整间楼板的类型及参数见表4-4。

表4-4　　　　　　　　　整间楼梯的类型及参数

| 名　称 | 材　料 | 楼板规格 |
|---|---|---|
| 轻质材料填芯楼板 | C20非预应力钢筋混凝土或C30预应力钢筋混凝土填芯材料：水渣、加气混凝土等 | 厚140mm |
| 圆、方孔抽芯楼板和屋面板 | C30预应力钢筋混凝土 | 厚120mm，抽孔$\phi76$<br>厚192～300mm，抽方孔 |
| 实心混凝土楼板和屋面板 | C30预应力钢筋混凝土<br>C25非预应力钢筋混凝土 | 厚110mm |

3. 烟道及风道

装配式大板建筑的烟道与通风道（图4-8），一般都做成预制钢筋混凝土构件。

构件高度为一个楼层，壁厚为 30mm。上下层构件在楼板处相接，交接处坐浆要密实。最下部放在基础上。最上一层，应在屋面上现砌出烟口，并用预制钢筋混凝土板压顶。

图 4-8　混凝土通风道

4. 女儿墙

装配式大板建筑中的女儿墙有砌筑和预制两种做法。预制女儿墙（图 4-9）一般是在轻骨料混凝土墙板的侧面做出销键，预留套环，板底有凹槽与下层墙板结合。板的厚度可与主体墙板一致。女儿墙板内侧设凹槽预埋木砖，供与屋面防水卷材交接。

5. 楼梯

楼梯均采用预制装配式（图 4-10）。楼梯段与休息板之间，休息板与楼梯间墙板之间均采用可靠的连接。

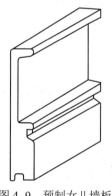

图 4-9　预制女儿墙板

图 4-10　装配式预制楼梯

常用的做法是在楼梯间墙板上预留洞、槽或挑出牛腿以及焊接托座，保证休息板的横梁有足够的支承长度。

## 二、装配式钢结构建筑的常用构件种类

1. H 型钢

H 型钢是一种新型经济建筑用钢。H 型钢截面形状经济合理，力学性能好，轧制时截面上各点延伸较均匀、内应力小，与普通工字钢比较，具有截面模数大、

重量轻、节省金属的优点，可使建筑结构减轻 30%～40%；又因其腿内外侧平行，腿端是直角，拼装组合成构件，可节约焊接、铆接工作量达 25%。常用于要求承载能力大、截面稳定性好的大型建筑（如厂房、高层建筑等），以及桥梁、船舶、起重运输机械、设备基础、支架、基础桩等。

（1）H 型钢的特点。

1）翼缘宽，侧向刚度大。

2）抗弯能力强，比工字钢大 0%～5%。

3）翼缘两表面相互平行，使得连接、加工、安装简便。

4）与焊接工字钢相比，成本低，精度高，残余应力小，无需昂贵的焊接材料和焊缝检测，节约钢结构制作成本 30%左右。

5）相同截面负荷下，热轧 H 型钢结构比传统钢结构重量减轻 15%～20%。

6）与混凝土结构相比，热轧 H 型钢结构可增大 6%的使用面积，而结构自重减轻 20%～30%，减少结构设计内力。

7）H 型钢可加工成 T 型钢，蜂窝梁可经组合形成各种截面形式，极大满足了工程设计与制作需求。

（2）H 型钢与工字钢的区别。

1）工字钢，不论是普通型还是轻型的，由于截面尺寸均相对较高、较窄，故对截面两个主轴的惯性矩相差较大，因此，一般仅能直接用于在其腹板平面内受弯的构件或将其组成格构式受力构件。对轴心受压构件或在垂直于腹板平面还有弯曲的构件均不宜采用，这就使其在应用范围上有着很大的局限。

2）H 型钢属于高效经济截面型材（其他还有冷弯薄壁型钢、压型钢板等），由于截面形状合理，它们能使钢材更好地发挥效能，提高承载能力。不同于普通工字钢的是 H 型钢的翼缘进行了加宽，且内、外表面通常是平行的，这样可便于用高强螺栓和其他构件连接。其尺寸构成系列合理，型号齐全，便于设计选用。

3）H 型钢的翼缘都是等厚度的，有轧制截面，也有由 3 块板焊接组成的组合截面。工字钢都是轧制截面，由于生产工艺差，翼缘内边有 1:10 坡度。H 型钢的轧制不同于普通工字钢仅用一套水平轧辊，由于其翼缘较宽且无斜度（或斜度很小），故须增设一组立式轧辊同时进行辊轧，因此，其轧制工艺和设备都比普通轧机复杂。国内可生产的最大轧制 H 型钢高度为 800mm，超过了 80mm 的 H 型钢只能采用焊接组合截面的方式进行焊接。我国热轧 H 型钢国标 GB/T 11263—1998 将 H 型钢分为窄翼缘、宽翼缘和钢桩三类，其代号分别为 hz、hk 和 hu。窄翼缘 H 型钢适用于梁或压弯构件，而宽翼缘 H 型钢和 H 型钢桩则适用于轴心受压构件或压弯构件。

2. 桁架

桁架（图 4-11）是一种由杆件彼此在两端用铰链连接而成的结构，由直杆组

成的一般具有三角形单元的平面或空间
结构。桁架杆件主要承受轴向拉力或压
力，从而能充分利用材料的强度，在跨
度较大时可比实腹梁节省材料，减轻自
重和增大刚度。

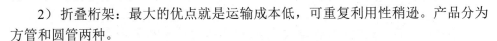

图 4-11　桁架

（1）桁架按产品分类。

1）固定桁架：桁架中最坚固的一
种，可重复利用性高，唯一缺点就是运输成本较高。产品分为方管和圆管两种。

2）折叠桁架：最大的优点就是运输成本低，可重复利用性稍逊。产品分为
方管和圆管两种。

3）蝴蝶桁架：桁架中最具有艺术性的一种，造型奇特、优美。

4）球节桁架：又叫球节架，造型优美，坚固性好，也是桁架中造价最高的
一种。

（2）桁架按结构形式分类。

1）三角形桁架：在沿跨度均匀分布的节点荷载下，上下弦杆的轴力在端点
处最大，向跨中逐渐减少；腹杆的轴力则相反。三角形桁架由于弦杆内力差别较
大，材料消耗不够合理，多用于瓦屋面的屋架中。

2）梯形桁架：和三角形桁架相比，杆件受力情况有所改善，而且用于屋架
中可以更容易满足某些工业厂房的工艺要求。如果梯形桁架的上、下弦平行，就
是平行弦桁架，杆件受力情况较梯形略差，但腹杆类型大为减少，多用于桥梁和
栈桥中。

3）多边形桁架：也称折线形桁架。上弦节点位于二次抛物线上，如上弦呈
拱形可减少节间荷载产生的弯矩，但制造较为复杂。在均布荷载作用下，桁架外
形和简支梁的弯矩图形相似，因而上下弦轴力分布均匀，腹杆轴力较小，用料最
省，是工程中常用的一种桁架形式。

4）空腹桁架：基本取用多边形桁架的外形，上弦节点之间为直线，无斜腹
杆，仅以竖腹杆和上下弦相连接。杆件的轴力分布和多边形桁架相似，但在不
对称荷载作用下杆端弯矩值变化较大。优点是在节点相交的杆件较少，施工制
造方便。

3. 实腹梁

钢结构中常用热轧型材（工字钢、槽钢、H 型钢）做小跨度的梁，用焊接工
字钢或焊接异形钢做较大跨度的梁。这些构件截面中竖的部件叫腹板、上下横的
叫翼缘。跨度较小的梁的腹板都是实实在在的钢板，而在更大跨度的或荷载很大
的梁，因其弯矩大需要截面相当高（数米高）来抵抗，用实实在在的钢板来做腹
板太重，而且生产、运输都不便。因此，工程人员研究创造了桁架梁，它的腹板

用许多小截面的杆件组成，称之为空腹式（或叫格构式）梁，而把前述的梁称之为实腹梁。

# 第二节　装配式建筑构件制作

## 一、装配式混凝土建筑墙、板制作

1. 成组立模法

成组立模是指采用垂直成型方法一次生产多块构件的成组立模。如用于生产承重内墙板的悬挂式偏心块振动成组立模；用于生产非承重隔墙板的悬挂式柔性板振动成组立模等。

（1）成组立模分类。

1）按材料分类。

① 钢立模的特点：刚度大，传振均匀，升温快，温度均匀，制品质量较好，模板周转次数多，有利于降低成本，但耗钢量大。

② 钢筋混凝土立模的特点：刚度好，表面平整，不变形，保温性能好，用钢量较少。但重量大，升温较慢，周转次数少。

2）按支撑方式分类。

① 悬挂式立模的特点：振动效果较好，开启、拼装方便、安全，但会增加车间土建投资。

② 下行式立模的特点：车间土建比较简单，但拼装、开启不便，且欠安全。

3）按振动方式分类。

① 插入帮振动立模的特点：对模板影响小，振动效果较好，但需要较长振动时间，且劳动强度较大。

② 柔性隔板振动立模的特点：振动效果较好，但隔板刚度差，制品偏差较大。

③ 偏心块振动立模的特点：振动效果一般，装置简单，但对模板影响较大。

（2）施工操作详解。

1）悬挂式偏心块振动成组立模：垂直成型工艺，具有占地面积小、养护周期短、节约能源、产量高等优点。与平模机组流水生产工艺相比，占地面积可减少 60%～80%，产量可提高 1.5～2 倍。悬挂式偏心块振动成组立模技术参数见表 4-5。

表 4-5　　　　　　　　　悬挂式偏心块振动成组立模技术参数

| 制品规格/<br>（mm×mm×mm）<br>（长×宽×厚） | 每组制品数量/块 | 轨中心距/mm | 偏心动力矩/（N·mm） | 成组立模外形尺寸（长×宽×高）/（mm×mm×mm） | 成组立模重量/kg |
|---|---|---|---|---|---|
| 4780×2660×140 | 8 | 7000 | 12 000 | 7400×3420×3400 | 30 985 |
| 3420×2660×140 | 8 | 5200 | 12 000 | 5550×3420×3400 | 26 540 |

经验指导：立模养护为干热养护，在封闭模腔内设置音叉式蒸汽排管。立模骨架用 [18 槽钢矩形格构布置，两面封板采用 8mm 厚钢板。

2）悬挂式柔性隔板振动成组立模：主要适用于生产 5cm 厚混凝土内隔墙板。此种立模是在一组立模中刚性模板与柔性模板相间布置，刚性模板不设振源，它的功能是做养护腔使用；柔性隔板是一块等厚的均质钢板，端部设振源，它的功能是做振动板使用。具有构造简单、重量轻、移动方便等特点，不仅适用于构件厂使用，而且也适宜施工现场使用。

① 刚性模板：热模采用电热供热方式，在每块热模腔内设置 9 根远红外电热管，每根容量为担负两侧混凝土制品的加热养护。

② 柔性模板：柔性板的厚度，既要有一定柔性，又要有足够的刚度。当有效面板内设置 4～6 个锥形垫，用于成型 5cm 厚混凝土隔墙板时，可采用 140mm 厚普通钢板。

（3）成组立模法的特点。

1）墙板垂直制作，垂直起吊，比平模制作可减少墙板因翻身起吊的配筋。

2）因为立模本身既是成型工具，又是养护工具，这样浇筑、成型、养护地点比较集中，车间占地面积较平模工艺要少。

3）立模养护制品的密闭性能好，与坑窑、隧道窑、立窑养护比较，可降低蒸气耗用量。

4）制作的墙板两面光滑，适合于制作单一材料的承重内墙板和隔墙板。

2. 台座法

台座法是生产墙板及其他构件采用较多的一种方法，常用于生产振动砖墙板和单一材料或复合材料混凝土墙板以及整间大楼板。

台座分为冷台座和热台座两种。冷台座为自然养护，我国南方多采用这种台座，并有临时性和半永久性、永久性之分；热台座是在台座下部和两侧设置蒸气管道，墙板在台座上成型后覆盖保温罩，通蒸汽养护，这种台座多在我国北方和冬期生产使用。

（1）冷台座（做法要求）。

1）台座的基础要将杂土和耕土清除干净，并夯实压平，使基土的密实度达到 1.55g/cm³。遇有同填的沟坑或局部下沉的部位，均须进行局部处理。

2）台座表面最好比周围地面高出 100mm，其四周应设排水沟和运输道路。台座表面应找平抹光，以 2m 靠尺检查，表面凸凹不得超过±2mm。

3）台座的长度一般以 120m 左右为宜。台座的伸缩缝应设在拟生产墙板构件型号块数的整倍数处，一般宜每 10m 左右设一道伸缩缝。切不可将墙板等构件跨伸缩缝生产，这样，制品易产生裂缝。

（2）热台座（做法要求）。

1）基础：一般为 200mm 厚级配砂石（或高炉矿渣）碾压，其上作一步 3:7 灰土，然后浇灌 100mm 厚 C15 混凝土（坡度 5‰），作为热气室的基底。

2）坑壁：一种做法是 240mm 厚砖墙上压 150mm×240mm 混凝土拉结圈梁；另一种做法是 100mm 现浇混凝土。前者坑壁易产生温度裂缝，不如后一种。

3）热台面：120mm×180mm 长 500mm 素混凝土小梁，间距 500mm，按蒸汽排管形式横向排列，上铺 500mm×500mm 厚 30mm 的混凝土预制盖板，再在盖板上浇灌 30～70mm 厚的 C20 钢筋混凝土，随铺随抹光，形成热台面。

3. 制作墙、板构件所用隔离剂

（1）隔离剂的选用。

1）隔离效果较好，减少吸附力，要能确保构件在脱模起吊时不发生粘结损坏现象。

2）能保持板面整洁，易于清理，不影响墙面粉刷质量。

3）因地制宜，就地取材，货源充足，价格较低，便于操作。

（2）隔离剂的涂刷方法。隔离剂涂刷方法的具体内容见表 4-6。常用隔离剂的调配方法见表 4-7。

表 4-6 隔离剂的涂刷方法

| 隔离剂名称 | 涂刷方法 |
|---|---|
| 柴油石蜡隔离剂 | （1）混涂法：适用于冬季多风季节，按表 4-7 的配合比将隔离剂调制成涂料，倒在板面上，涂刷均匀。<br>（2）后撒法：适用于夏季少风季节，先将柴油石蜡溶液涂刷在台座（或板面）上，再撒滑石粉或防水粉，并用刷子铺盖均匀 |
| 皂角隔离剂 | （1）涂刷两遍，待第一遍干涸后再涂刷第二遍。<br>（2）皂角隔离剂除冬季外，以热涂为宜，且不宜用于钢模 |
| 皂化混合油脱模剂 | 涂刷两遍 |

表 4-7　　　　　　　　　　　　常用隔离剂的调配方法

| 名称 | 配合比 | 调配方法 |
|---|---|---|
| 皂角隔离剂 | 皂角:水=1:2～4（体积比） | 将皂角与 80～100℃热水搅拌均匀，使其全部溶化，呈糨糊状 |
| 柴油石蜡隔离剂 | （1）混涂，涂于原浆、水泥砂浆或石灰膏压光的台座面层。<br>柴油:石蜡:粉煤灰=1:0.3:0.5<br>柴油:石蜡:滑石粉（或防水粉）=1:0.2:0.8<br>（2）混涂，涂于水泥压光台座面层。<br>柴油:石蜡:粉煤灰=1:0.3:0.7<br>柴油:石蜡:滑石粉（或防水粉）=1:0.2:0.8<br>（3）后撒滑石粉或防水粉。<br>柴油:石蜡=1:0.2～0.3（石蜡为冬季或低温时最小掺量） | 将大块石蜡敲碎，先加入 1～2 倍于石蜡的柴油，放入热器皿内（不超过器皿容积的三分之二），用微火或水浴锅缓缓加热至石蜡全溶后，再将剩余的柴油倒入并搅拌均匀，冷却后即可使用 |

（3）隔离剂涂刷的注意事项。

1）涂刷隔离剂必须采取边退边涂刷边撒粉料的方法。操作人员需穿软底鞋，鞋底不得带存泥土、灰浆等杂物。

2）隔离剂涂刷后不得踩踏，并要防止雨水冲刷和浸泡，遇有冲刷、浸泡和踩踏，必须补刷。待隔离剂干涸后，方可进行下一道工序。涂刷隔离剂的工具可采用长把毛刷子或手推刷油车。

3）周转使用次数较多的台座，使用前和使用期间宜每隔 1～2 个月刷机油柴油隔离剂（机油:柴油=1:1）一次。

## 二、装配式钢结构建筑构件制作

### 1. 焊接 H 型钢

焊接 H 型钢的施工要点如下：

（1）焊接 H 型钢（图 4-12）应以一端为基准，使翼缘板、腹板的尺寸偏差累积到另一端。

（2）腹板、翼缘板组装前，应在翼缘板上标志出腹板定位基准线。

（3）焊接 H 型钢应采用 H 型钢组立机进行组装（图 4-13）。

图 4-12　焊接 H 型钢

图 4-13　H 型钢组立机进行组装

（4）腹板定位采用定位点焊，应根据 H 型钢具体规格确定点焊焊缝的间距及长度。一般点焊焊缝间距为 300～500mm，焊缝长度为 20～30mm，腹板与翼缘板应顶紧，局部间隙不应大于 1mm。

（5）H 型钢焊接一般采用自动或半自动埋弧焊。

（6）机械矫正应采用 H 型钢翼缘矫正机对翼缘板进行矫正；矫正次数应根据翼板宽度、厚度确定，一般为 1～3 次；使用的 H 型钢翼缘矫正机必须与所矫正的对象尺寸相符合。

（7）当 H 型钢出现侧向弯曲、扭曲、腹板表面平整度达不到要求时，应采用火焰矫正法进行矫正。

（8）焊接 H 型钢的允许偏差应符合表 4-8 的规定。

表 4-8　　　　　　　　　焊接 H 型钢的允许偏差　　　　　　　（单位：mm）

| 项　目 | | 允　许　偏　差 | 图　例 |
|---|---|---|---|
| 截面高度 $h$ | $h<500$ | ±2.0 | |
| | $500<h<1000$ | ±3.0 | |
| | $h>1000$ | ±4.0 | |
| 截面宽度 $b$ | | ±3.0 | |
| 腹板中心偏移 | | 2.0 | |
| 翼缘板垂直度 $\Delta$ | | $b/100$，且不应大于 3.0 | |
| 弯曲矢高（受压构件除外） | | $1/1000$，且不应大于 10.0 | |
| 扭曲 | | $h/250$，且不应大于 5.0 | |
| 腹板局部平面度 $f$ | $t<14$ | 3.0 | |

## 2. 桁架组装

（1）无论弦杆、腹杆，应先单肢拼配焊接矫正，然后进行大拼装。

（2）支座、与钢柱连接的节点板等，应先小件组焊，矫正后再定位大拼装。

（3）放拼装胎时放出收缩量，一般放至上限（跨度 $L \leqslant 24m$ 时放 5mm，$L > 24m$ 时放 8mm）。

（4）对跨度大于等于 18m 的梁和桁架，应按设计要求起拱；对于设计没有起拱要求的，但由于上弦焊缝较多，可以少量起拱（10mm 左右），以防下挠。

（5）桁架的大拼装有胎模装配法和复制法（图 4–14）两种。前者较为精确，后者则较快；前者适合大型桁架，后者适合一般中、小型桁架。

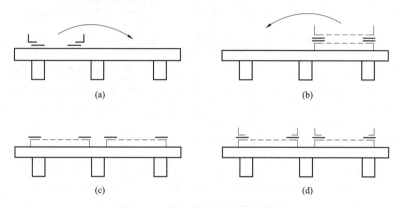

图 4–14　桁架装配复制楼示意图

（a）在操作平台上先拼装好第一榀桁架，再翻身；（b）第一榀桁架做胎模复制第二榀桁架，然后再翻身、移位；（c）、（d）以前两榀桁架做胎模复制其他桁架

## 3. 实腹梁组装

（1）腹板应先刨边，以保证宽度和拼装间隙。

（2）翼缘板进行反变形，装配时保持 $a_1 = a_2$，如图 4–15 所示。翼缘板与腹板的中心偏移不大于 2mm。翼缘板与腹板连接侧的主焊缝部位 50mm 以内先行清除油、锈等杂质。

（3）点焊距离杆 200mm，双面点焊，并加撑杆，点焊高度为焊缝的 2/3，且不应大于 8mm，焊缝长度不宜小于 25mm。

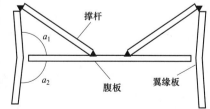

图 4–15　撑杆示意图

（4）为防止梁下挠，宜先焊下翼缘的主缝和横缝；焊完主缝，矫正翼缘，然后装加劲板和端板。

（5）对于磨光顶紧的端部加劲角钢，宜在加工时把四支角钢夹在一起同时加工使之等长。

（6）焊接连接制作组装的允许偏差应符合表 4–9 的规定。

表 4–9　　　　　　　焊接连接制作组装的允许偏差　　　　　　　（单位：mm）

| 项　目 | | 允　许　偏　差 | 图　例 |
|---|---|---|---|
| 对口错边 $\varDelta$ | | $t/10$，且不应大于 3.0 | |
| 间隙 $a$ | | ±1.0 | |
| 搭接长度 $a$ | | ±5.0 | |
| 缝隙 $\varDelta$ | | 1.5 | |
| 高度 $h$ | | ±2.0 | |
| 垂直度 $\varDelta$ | | $b/100$，且不应大于 3.0 | |
| 中心偏移 $e$ | | ±2.0 | |
| 型钢错位 | 连接处 | 1.0 | |
| | 其他处 | 2.0 | |
| 箱形截面高度 $h$ | | ±2.0 | |
| 宽度 $b$ | | ±2.0 | |
| 垂直度 $\varDelta$ | | $b/200$，且不应大于 3.0 | |

# 第三节　装配式建筑构件运输

## 一、装配式混凝土建筑墙、板运输

1. 运输方法的选择

（1）平运法。平运法适宜运输民用建筑的楼板、屋面板等构配件和工业建筑墙板。构件重叠平运时，各层之间必须放方木支垫，垫木应放在吊点位置，与受力主筋垂直，且须在同一垂线上。

（2）立运法。立运法分为外挂式和内插式两种，具体内容见表4-10。

表4-10　　　　　　　　　　　立运法的具体内容

| 运输方法 | 适　用　范　围 | 固　定　方　法 | 特　　点 |
|---|---|---|---|
| 外挂（靠放）式 | 民用建筑的内、外墙板、楼板和屋面板，工业建筑墙板 | 将墙板靠放在车架两侧，用开式索具螺旋扣（花篮螺丝）将墙板构件上的吊环与车架拴牢 | （1）起吊高度低，装卸方便。<br>（2）有利于保护外饰面 |
| 内插（插放）式 | 民用建筑的内、外墙板 | 将墙板构件插放在车架内或简易插放架内，利用车架顶部丝杠或木楔将墙板构件固定 | （1）起吊高度较高。<br>（2）采用丝杠顶压固定墙板时，易将外饰面挤坏。<br>（3）能运输小规格的墙板 |

2. 墙板运输和装卸的注意要点

（1）运输道路须平整坚实，并有足够的宽度和转弯半径。

（2）根据吊装顺序组织运输，配套供应。

（3）用外挂（靠放）式运输车时，两侧重量应相等，装卸时，重车架下部要进行支垫，防止倾斜。用插放式运输车采用压紧装置固定墙板时，要使墙板受力均匀，防止断裂。

（4）装卸外墙板时，所有门窗扇必须扣紧，防止碰坏。

（5）墙板运输时，不宜高速行驶，应根据路面好坏掌握行车速度，起步、停车要稳。夜间装卸和运输墙板时，施工现场要有足够的照明设施。

## 二、装配式钢结构建筑钢构件包装与运输

1. 钢构件的包装

（1）钢结构产品中的小件、零配件（一般指安装螺栓、垫圈、连接板、接头角钢等重量在25kg以下者）应用箱装或捆扎，并应有装箱单。应在箱体上标明箱号、毛重、净重、构件名称、编号等。

（2）木箱的箱体要牢固、防雨，下方要有铲车孔及能承受本箱总重的枕木，枕木两端要切成斜面，以便捆吊或捆运。

（3）铁箱一般用于外地工程。箱体用钢板焊成，不易散箱，在安装现场箱体钢板可作为安装垫板、临时固定件。箱体外壳要焊上吊耳。

（4）捆扎一般用于运输距离比较近的细长构件，如网架的杆件、屋架的拉条等。捆扎中每捆重量不宜过大，吊具不得直接勾在捆扎钢丝上。

（5）如果钢结构产品随制作随即安装，其中小件和零配件可不装箱，直接捆

扎在钢结构主体的需要部位上，但要捆扎牢固，或用螺栓固定，且不影响运输和安装。

2. 钢构件的运输

（1）为避免在运输、装车、卸车和起吊过程中造成钢结构构件变形而影响安装，一般应设置局部加固的临时支撑。

（2）根据钢结构构件的形状、重量及运输条件、现场安装条件，可采取总体制造、拆成单元运输或分段制造、分段运输的措施。

（3）钢结构构件，一般采用陆路车辆运输或者铁路包车皮运输。

1）柱子构件长，可采用拖车运输。一般柱子采用两点支承，当柱子较长，两点支承不能满足受力要求时，可采用三点支承。

2）钢屋架可以用拖挂车平放运输，但要求支点必须放在构件节点处，而且要垫平、加固好。钢屋架还可以整榀或半榀挂在专用架上运输。

3）实腹类构件多用大平板车辆运输。

4）散件运输使用一般货运车，车辆的底盘长度可以比构件长度短 1m。散件运输一般不需特别固定，只要能满足在运输过程中不产生过大的残余变形即可。

5）对于成型人件的运输，可根据产品不同而选用不同车型。委托专业化大件运输公司运输时，与该运输公司共同确定车型。

6）对于特大件钢结构产品，在加工制造以前就要与运输有关的各个方面取得联系，并得到认可，其中包括与公路、桥梁、电力，以及地下管道，如煤气、自来水、下水道等有关方面的联系，还要查看运输路线、转弯道、施工现场等有无障碍物，并应制订专门的运输方案。

# 第五章 装配式工业厂房安装施工

## 第一节 构件安装与校正

### 一、施工准备

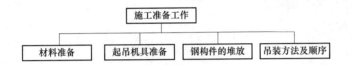

1. 材料准备

（1）构件准备。在钢结构厂房结构安装过程中，各种钢构件应符合下列的要求：

1）清点构件的型号、数量，并按设计和规范要求对构件质量进行全面检查，包括构件强度与完整性（有无严重裂缝、扭曲、侧弯、损伤及其他严重缺陷）；外形和几何尺寸，平整度；埋设件、预留孔位置，尺寸和数量；接头钢筋吊环、埋设件的稳固程度和构件的轴线等是否准确，有无出厂合格证。如有超出设计或规范规定偏差，应在吊装前纠正。

2）在构件上根据就位、校正的需要弹好轴线。柱应弹出三条中心线；牛腿面与柱顶面中心线；±0.00线（或标高准线），吊点位置；基础杯口应弹出纵横轴线；吊车梁、屋架等构件应在端头与顶面及支承处弹出中心线及标高线；在屋架（屋面梁）上弹出天窗架、屋面板或檩条的安装就位控制线；两端及顶面弹出安装中心线。

3）检查厂房柱基轴线和跨度，基础地脚螺栓位置和伸出是否符合设计要求，找好柱基标高。

4）按图纸对构件进行编号。不易辨别上下、左右、正反的构件，应在构件上用记号注明，以免吊装时搞错。

（2）吊装结构准备。

1）准备和分类清理好各种金属支撑件及安装接头用连接板、螺栓、铁件和安装垫铁；施焊必要的连接件（如屋架、吊车梁垫板、柱支撑连接件及其他与柱连接相关的连接件），以减少高空作业。

2）对需组装拼装及临时加固的构件，按规定要求使其达到具备吊装条件。

3）在基础杯口底部，根据柱子制作的实际长度（从牛腿至柱脚尺寸）误差，调整杯底标高，用 1:2 水泥砂浆找平，标高允许偏差为±5mm，以保持吊车梁的标高在同一水平面上；当预制柱采用垫板安装或重型钢柱采用杯口安装时，应在杯底设垫板处局部抹平，并加设小钢垫板。

4）柱脚或杯口侧壁未划毛的，要在柱脚表面及杯口内稍加凿毛处理。

5）钢柱基础，要根据钢柱实际长度、牛腿间距离和钢板底板平整度检查结果，在柱基础表面浇筑标高块（块呈十字式或四点式），标高块强度不小于 30MPa，表面埋设 16～20mm 厚钢板，基础上表面也应凿毛。

（3）起重机具准备。

1）起重机类型的选择。一般吊装多按履带式、轮胎式（图 5–1）、汽车式、塔式的顺序选用。

图 5–1　轮胎式起重机

经验指导：对高度不大的中、小型厂房，应先考虑使用起重量大、可全回转使用、移动方便的 100～150kN 履带式起重机和轮胎式起重机吊装；大型工业厂房主体结构的高度和跨度较大、构件较重，宜采用 500～750kN 履带式起重机和 350～1000kN 汽车式起重机吊装；大跨度又很高的重型工业厂房的主体结构吊装，宜选用塔式起重机吊装。

对厂房大型构件，可采用重型塔式起重机和塔桅起重机吊装。

缺乏起重设备或吊装工作量不大、厂房不高的，可考虑采用独脚桅杆、人字桅杆、悬臂桅杆及回转式桅杆（桅杆式起重机）等吊装，其中回转式桅杆起重机最适合于单层钢结构厂房进行综合吊装；对重型厂房也可采用塔桅式起重机进行吊装。

若厂房位于狭窄地段，或厂房采取敞开式施工方案（厂房内设备基础先施工），宜采用双机抬吊吊装厂房屋面结构，或单机在设备基础上铺设枕木垫道吊装。

2）吊装参数的选择。起重机的起重量 $G$（kg）、起重高度 $H$（m）和起重半径 $R$（m）是吊装参数的主体。起重量 $G$ 必须大于所吊最重构件加起重滑车组的质量；起重高度 $H$ 必须满足所需安装的最高构件的吊装要求。

起重半径 $R$ 应满足在起重量与起重高度一定时，能保持一定距离吊装该构件的要求。当伸过已安装好的构件上空吊装构件时，应考虑起重臂与已安装好的构件为 0.3m 的距离，按此要求确定起重杆的长度、起重杆仰角、停机位置等。

（4）钢构件的堆放。

1）拉条、檩条、高强度螺栓等集中堆放在构件仓库。

2）构件堆放时应注意将构件编号或标识露在外面或者便于查看的方向。

3）各段钢结构施工时，同时穿插着其他工序的施工，在钢构件、材料进场时间和堆放场地布置时应兼顾各方。

4）所有构件堆放场地均按现场实际情况进行安排，按规范规定进行平整和支垫，不得直接置于地上，要垫高200mm以上，以便减小构件堆放变形。

5）做好堆场的防汛、防台、防火、防爆、防腐工作，合理安排堆场的供水、排水、供电和夜间照明。

6）对运输过程中已发生变形、失落的构件和其他零星小件，应及时矫正和解决。对于编号不清的构件，应重新描清，构件的编号宜设置在构件的两端，以便于查找。

（5）吊装顺序及方法的确定。

1）吊装顺序的确定。构件吊装在大部分施工情况下先吊装竖向构件，后吊装平面构件，即采用综合安装法进行安装。

① 并列高、低跨屋盖吊装：必须先安装高跨，后安装低跨，有利于高、低跨钢柱的垂直度。

② 并列大跨度与小跨度安装：必须先安装大跨度，后安装小跨度。

③ 并列间数多的与间数少的安装：应先吊装间数多的，后吊装间数少的。

2）吊装方法的选择。钢构件在吊装过程中应根据现场的实际情况进行选择，常用吊装方法的具体内容见表5-1。

表 5-1　　　　　　　　　　　构 件 吊 装 常 用 方 法

| 名称 | 内　　容 | 特　　点 |
|---|---|---|
| 节间吊装法 | 　　节间吊装法是指起重机在厂房内一次开行中，依次吊完一个节间各类型构件，即先吊完节间柱，并立即校正、固定、灌浆，然后接着吊装地梁、柱间支撑、墙梁（连续梁）、吊车梁、走道板、柱头系杆、托架（托梁）、屋架、天窗架、屋面支撑系统、屋面板和墙板等构件。一个（或几个）节间的构件全部吊装完后，起重机再向前移至下一个（或几个）节间，再吊装下一个（或几个）节间全部构件，直至吊装完成 | 　　优点：起重机开行路线短，停机一次至少吊完一个节间，不影响其他工序，可进行交叉平行流水作业，缩短工期；构件制作和吊装误差能及时发现并纠正；吊完一节间，校正固定一节间，结构整体稳定性好；<br>　　缺点：需用起重量大的起重机同时吊各类构件，不能充分发挥起重机效率，无法组织单一构件连续作业；各类构件必须交叉配合，场地构件堆放过密，吊具、索具更换频繁，准备工作复杂；校正工作零碎、困难，柱子固定需一定时间，难以组织连续作业，拖长吊装时间，吊装效率较低；操作面窄，较易发生安全事故 |

续表

| 名称 | 内　　容 | 特　　点 |
|---|---|---|
| 分件吊装法 | 采用分件吊装法时，应先将构件按其结构特点、几何形状及其相互联系进行分类。同类构件按顺序一次吊装完后，再进行另一类构件的安装，如起重机第一次开行中先吊装厂房内所有柱子，待校正、固定灌浆后，依次按顺序吊装地梁、柱间支撑、墙梁、吊车梁、托架（托梁）、屋架、天窗架、屋面支撑和墙板等构件，直至整个建筑物吊装完成。屋面板的吊装有时在屋面上单独用1～2台灵桅杆或屋面小吊车来进行 | 优点：起重机在一次开行中仅吊装一类构件，吊装内容单一，准备工作简单，校正方便，吊装效率高；柱子有较长的固定时间，施工较安全；与节间法相比，可选用起重量小一些的起重机吊装，可利用改变起重臂杆长度的方法，分别满足各类构件吊装起重量和起升高度的要求，能有效发挥起重机的效率；构件可分类在现场按顺序预制、排放，场外构件可按先后顺序组织供应；构件预制吊装、运输、排放条件好，易于布置。<br>缺点：起重机开行频繁，增加机械台班费用；起重臂长度改换需一定时间，不能按节间及早为下道工序创造工作面，阻碍了工序的穿插，相对地吊装工期较长；屋面板吊装需有辅助机械设备 |
| 综合吊装法 | 此法系将全部或一个区段的柱头以下部分的构件用分件法吊装，即柱子吊装完毕并校正固定，待柱杯口二次灌浆混凝土达到70%强度后，再按顺序吊装地梁、柱间支撑、吊车梁走道板、墙梁、托架（托梁），接着一个节间一个节间综合吊装屋面结构构件，包括屋架、天窗架、屋面支撑系统和屋面板等构件。整个吊装过程按三次流水进行，根据不同的结构特点有时采用两次流水，即先吊柱子，后分节间吊装其他构件。吊装通常采用2台起重机：一台起重量大的承担柱子、吊车梁、托架和屋面结构系统的吊装；一台吊装柱间支撑、走道板、地梁、墙梁等构件，并承担构件卸车和就位排放 | 此方法保持节间吊装法和分件吊装法的优点，而避免了其缺点，能最大限度地发挥起重机的能力和效率，缩短工期，是实践中广泛使用的一种方法 |

## 二、构件安装与校正施工细节详解

安装流程：地脚螺栓埋设→钢柱安装与校正→钢吊车梁安装与校正→钢屋架（盖）安装与校正。

1. 地脚螺栓埋设施工

施工流程：预埋孔清理→地脚螺栓清洁→地脚螺栓埋设→地脚螺栓定位。

（1）预埋孔清理。对于预留孔的地脚螺栓埋设前，应将孔内杂物清理干净。一般的做法是用较长的钢凿将孔底及孔壁结合薄弱的混凝土颗粒和贴附的杂物全部清除，然后用压缩空气吹净，浇灌前用清水充分湿润，再进行浇灌。

（2）地脚螺栓清洁。不论一次埋设或事先预留孔二次埋设地脚螺栓（图5-2），埋设前，一定要将埋入混凝土中的一段螺杆表面的铁锈、油污清理干净。若清理不净，会使浇灌后的混凝土与螺栓表面结合不牢，易出现缝隙或隔层，不能起到锚固底座的作用。

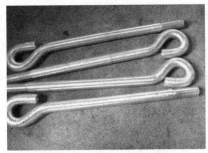

施工小常识:清理的一般做法是用钢丝刷或砂纸去锈;油污通常用火焰烧烤去除。

图 5-2　伞形地脚螺栓

（3）地脚螺栓埋设。钢结构工程柱基地脚螺栓的预埋方法有直埋法和套管法两种，其具体内容见表 5-2。

表 5-2　　　　　　　　　　钢结构工程柱基地脚螺栓的预埋方法

| 名称 | 内　容 | 图　例 |
|---|---|---|
| 直埋法 | 直埋法就是用套板控制地脚螺栓相互之间的距离，立固定支架控制地脚螺栓群不变形，在柱基底板绑扎钢筋时埋入，控制位置，同钢筋连成一体，整体浇筑混凝土，一次固定。为防止浇灌时地脚螺栓的垂直度及距孔内侧壁、底部的尺寸变化，浇灌前应将地脚螺栓找正后加固固定 |  |
| 套管法 | 套管法就是先安装套管（内径比地脚螺栓大 2～3 倍），在套管外制作套板，焊套套管并立固定架，将其埋入浇筑的混凝土中，待柱基底板上的定位轴线和柱中心线检查无误后，在套管内插入螺栓，使其对准中心线，通过附件或焊接加以固定，最后在套管内注浆，锚固螺栓。地脚螺栓在预留孔内埋设时，其根部底面与孔底的距离不得小于 80mm;地脚螺栓的中心应在预留孔中心位置，螺栓的外表与预留孔壁的距离不得小于 20mm |  |

（4）地脚螺栓定位。地脚螺栓定位（图 5-3）的具体操作内容如下:

经验指导:浇筑混凝土前，应按规定的基准位置支设、固定基础模板及地脚螺栓定位支架、定位板等辅助设施

图 5-3　地脚螺栓定位

1）基础施工确定地脚螺栓或预留孔的位置时，应认真按施工图规定的轴线位置尺寸放出基准线，同时在纵、横轴线（基准线）的两对应端分别选择适宜位置，埋置铁板或型钢，标定出永久坐标点，以备在安装过程中随时测量参照使用。

2）浇筑混凝土时，应经常观察及测量模板的固定支架、预埋件和预留孔的情况。当发现有变形、位移时，应立即停止浇灌，进行调整、排除。

3）为防止基础及地脚螺栓等的系列尺寸、位置出现位移或过大偏差，基础施工单位与安装单位应在基础施工放线定位时密切配合，共同把关控制各自的正确尺寸。

（5）地脚螺栓埋设的注意事项。

1）埋设的地脚螺栓有个别的垂直度偏差很小时，应在混凝土养生强度达到75%或以上时进行调整。调整时可用氧乙炔焰将不直的螺栓在螺杆处加热后，采用木质材料垫护，用锤高移、扶直到正确的垂直位置。

2）对位移或垂直度偏差过大的地脚螺栓，可在其周围用钢凿将混凝土凿到适宜深度后，用气割割断，按规定的长度、直径尺寸及相同材质材料，加工后采用搭接并焊上一段，并采取补强措施，来调整达到规定的位置和垂直度。

3）对位移偏差过大的个别地脚螺栓，除采用搭接焊法处理外，在允许的条件下，还可采用扩大底座板孔径侧壁来调整位移的偏差量，调整后用自制的厚板垫圈覆盖，进行焊接、补强、固定。

（6）地脚螺栓埋设施工总结。

1）基础施工埋设固定的地脚螺栓，应在埋设过程中或埋设固定后，采取必要的措施加以保护，如用油纸、塑料、盒子包裹或覆盖，以免螺栓受到腐蚀或损坏。

2）钢柱等带底座板的钢构件吊装就位前应对地脚螺栓的螺纹段采取必要的保护措施，防止螺纹损伤。

3）当螺纹被损坏的长度不超过其有效长度时，可用钢锯将损坏部位锯掉，用什锦钢锉修整螺纹，达到顺利带入螺母为止。

4）当地脚螺栓的螺纹被损坏的长度超过规定的有效长度时，可用气割割掉大于原螺纹段的长度，然后用与原螺栓相同材质、规格的材料，一端加工成螺纹，在对接的端头截面制成 30°～45°的坡口与下端进行对接焊接后，再用相应直径规格、长度的钢管套入接点处，进行焊接、加固、补强。经套管补强加固后，会使螺栓直径大于底座板孔径，可用气割扩大底座板孔的孔径予以解决。

2. 钢柱安装与校正

（1）吊装。钢柱的吊装（图 5-4）一般采用自行式起重机，根据钢柱的重量和长度、施工现场条件，可采用单机、双机或三机吊装，吊装方法可采用旋转法、滑行法、递送法等。

经验指导：一般钢柱刚性都较好，可采用一点起吊，吊耳设在柱顶处，吊装时要保持柱身垂直，易于校正。对细长钢柱，为防止变形，可采用二点或三点起吊。

图 5-4 钢柱现场吊装

钢柱吊装时，吊点位置和吊点数，根据钢柱形状、长度以及起重机性能等具体情况确定。

如果不采用焊接吊耳，直接在钢柱本身用钢丝绳绑扎时要注意两点：一是在钢柱四角做包角，以防钢丝绳刻断；二是在绑扎点处，为防止工字型钢柱局部受挤压破坏，可增设加强肋板；吊装格构柱，绑扎点处设支撑杆。

（2）就位与校正。

1）柱子吊起前，为防止地脚螺栓螺纹损伤，宜用薄钢板卷成套筒套在螺栓上，钢柱就位后，拿下套筒。柱子吊起后，当柱底距离基准线达到准确位置，指挥吊车下降就位，并拧紧全部基础螺栓，临时用缆风绳将柱子加固。

2）柱的校正包括平面位置、标高和垂直度的校正，因为柱的标高校正在基础抄平时已进行，平面位置校正在临时固定时已完成，所以，柱的校正主要是垂直度校正。

3）钢柱校正方法：垂直度用经纬仪或吊线坠检验，如有偏差，采用液压千斤顶或丝杠千斤顶进行校正，底部空隙用铁片或铁垫塞紧，或在柱脚和基础之间打入钢楔抬高，以增减垫板校正［图 5-5（a）、（b）］；位移校正可用千斤顶顶正［图 5-5（c）］；标高校正用千斤顶将底座少许抬高，然后增减垫板使达到设计要求。

4）对于杯口基础，柱子对位时应从柱四周向杯口放入 8 个楔块，并用撬棍拨动柱脚，使柱的吊装中心线对准杯口上的吊装准线，并使柱基本保持垂直。柱对位后，应先把楔块略为打紧，再放松吊钩，检查柱沉至杯底后的对中情况，若符合要求，即可将楔块打紧做柱的临时固定，然后起重钩便可脱钩。吊装重型柱或细长柱时除需按上述进行临时固定外，必要时应增设缆风绳拉锚。

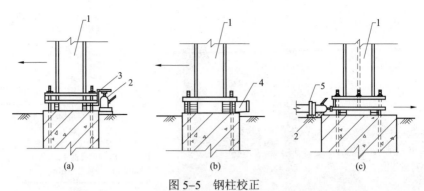

图 5-5　钢柱校正

（a）、（b）用千斤顶、钢楔校正垂直度；（c）用液压千斤顶校正位移

1—钢柱；2—小型液压千斤顶；3—工字钢顶架；4—钢楔；5—千斤顶托座

5）柱最后固定（图 5-6）：柱脚校正后，此时缆风绳不受力，紧固地脚螺栓，并将承重钢垫板上下点焊固定，防止走动；对于杯口基础，钢柱校正后应立即进行固定，及时在钢柱脚底板下浇筑细石混凝土和包柱脚，以防已校正好的柱子倾斜或移位。

其方法是在柱脚与杯口的空隙中浇筑比柱混凝土强度等级高一级的细石混凝土。混凝土浇筑应分两次进行：第一次浇至楔块底面，待混凝土强度达 25%时拔去楔块，再将混凝土浇满杯口；待第二次浇筑的混凝土强度达 70%后，方能吊装上部构件。对于其他基础，当吊车梁、屋面结构安装完毕，并经整体校正检查无误后，在结构节点固定之前，再在钢柱脚底板下浇筑细石混凝土固定（图 5-7）。

图 5-6　钢柱最后固定

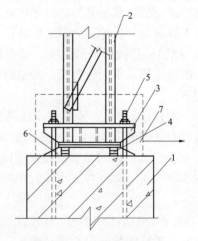

图 5-7　钢柱底脚固定方式

1—柱基础；2—钢柱；3—钢柱脚；4—钢垫板；

5—地脚螺栓；6—二次灌浆细石混凝土；

7—柱脚外包混凝土

6）钢柱校正固定后，随即将柱间支撑安装并固定，使成稳定体系。

7）钢柱垂直度校正宜在无风天气的早晨或16点以后进行，以免因太阳照射受温差影响，柱子向阴面弯曲，出现较大的水平位移值，而影响其垂直度。

8）除定位点焊外，不得在柱构件上焊其他无用的焊点，或在焊缝以外的母材上起弧、熄弧和打火。

（3）钢柱安装施工总结。

1）柱脚安装时，锚栓宜使用导入器或护套。

2）首节钢柱安装后应及时进行垂直度、标高和轴线位置校正。钢柱的垂直度可采用经纬仪或线锤测量；校正合格后钢柱应可靠固定，并进行柱底二次灌浆，灌浆前清除柱底板与基础面间的杂物。

3）首节以上的钢柱定位轴线应从地面控制轴线直接引上，不得从下层柱的轴线引上；钢柱校正垂直度时，应确定钢梁接头焊接的收缩量，并应预留焊缝收缩变形值。

4）倾斜钢柱可采用三维坐标测量法进行测校，也可采用柱顶投影点结合标高进行测校，校正合格后宜采用刚性支撑固定。

3. 钢吊车梁安装与校正

钢吊车梁安装与校正的施工操作要点如下：

（1）钢吊车梁安装前，将两端的钢垫板先安装在钢柱牛腿上，并标出吊车梁安装的中心位置。

（2）钢吊车梁的吊装常用自行式起重机（图5-8）。钢吊车梁绑扎一般采用两点对称绑扎，在两端各拴一根溜绳，以牵引就位和防止吊装时碰撞钢柱。

图5-8 钢吊车梁采用起重机吊装

（3）钢吊车梁起吊后，旋转起重机臂杆使吊车梁中心对准就位中心（图5-9），

图 5-9 吊车梁中心对准就位中心

在距支承面 100mm 左右时应缓慢落钩，用人工扶正使吊车梁的中心线与牛腿的定位轴线对准，并将与柱子连接的螺栓全部连接后，方准卸钩。

（4）钢吊车梁的校正，可按厂房伸缩缝分区、分段进行校正，或在全部吊车梁安装完毕后进行一次总体校正。

（5）校正包括标高、平面位置（中心轴线）、垂直度和跨距。一般除标高外，应在钢柱校正和屋面吊装完毕并校正固定后进行，以免因屋架吊装校正引起钢柱跨间移位。

1）标高的校正。用水准仪对每根吊车梁两端标高进行测量，用千斤顶或倒链将吊车梁一端吊起，用调整吊车梁垫板厚度的方法，使标高满足设计要求。

2）平面位置的校正。平面位置的校正有以下两种方法：

① 通线校正法：用经纬仪在吊车梁两端定出吊车梁的中心线，用一根 16～18 号钢丝在两端中心点间拉紧，钢丝两端用 20mm 小钢板垫高，松动安装螺栓，用千斤顶或撬杠拨动偏移的吊车梁，使吊车梁中心线与通线重合。

② 仪器校正法：从柱轴线量出一定的距离 $a$（图 5-10），将经纬仪放在该位置上，根据吊车梁中心至轴线的距离 $b$，标出仪器放置点至吊车梁中心线距离 $c$（$c=a-b$）。松动安装螺栓，用撬杠或千斤顶拨动偏移的吊车梁，使吊车梁中心线至仪器观测点的读数均为 $c$，平面即得到校正。

3）垂直度的校正。在平面位置校正的同时，用线坠和钢尺校正其垂直度。当一侧支承面出现空隙时，应用楔形铁片塞紧，以保证支承贴紧面不少于 70%。

4）跨距校正。在同一跨吊车梁校正好之后，应用拉力计数器和钢尺检查吊车梁的跨距，其偏差值不得大于 10mm，如偏差过大，应按校正吊车梁中心轴线的方法进行纠正。

（6）吊车梁校正后，应将全部安装螺栓上紧，并将支承面垫板焊接固定。

（7）制动桁架（板）一般在吊车梁校正后

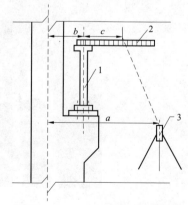

图 5-10 钢吊车梁仪器校正法
1—钢吊车梁；2—木尺；3—经纬仪

安装就位，经校正后随即分别与钢柱和吊车梁用高强螺栓连接或焊接固定。

（8）吊车梁的受拉翼缘或吊车桁架的受拉弦杆上，不得焊接悬挂物和卡具等。

4. 钢屋架（盖）安装与校正

钢屋架（盖）安装与校正的施工操作要点如下：

（1）钢屋架的吊装（图5-11）通常采用两点，跨度大于21m，多采用三点或四点，吊点应位于屋架的重心线上，并在屋架一端或两端绑溜绳。由于屋架平面外刚度较差，一般在侧向绑二道杉木杆或方木进行加固。钢丝绳的水平夹角不小于45°。

图5-11　钢屋架吊装

（2）屋架多用高空旋转法吊装，即将屋架从摆放垂直位置吊起至超过柱顶200mm以上后，再旋转臂杆转向安装位置，此时起重机边回转、工人边拉溜绳，使屋架缓慢下降，平稳地落在柱头设计位置上，使屋架端部中心线与柱头中心轴线对准。

（3）第一榀屋架就位并初步校正垂直度后，应在两侧设置缆风绳临时固定，方可卸钩。

（4）第二榀屋架用同样方法吊装就位后，先用杉木杆或木方与第一榀屋架临时连接固定，卸钩后，随即安装支撑系统和部分檩条进行最后校正固定，以形成一个具有空间刚度和整体稳定的单元体系。以后安装屋架则采取在上弦绑水平杉木杆或木方，与已安装的前榀屋架连系，保持稳定。

（5）钢屋架的校正。垂直度可用线坠、钢尺对支座和跨中进行检查；屋架的弯曲度用拉紧测绳进行检查，如不符合要求，可推动屋架上弦进行校正。

（6）屋架临时固定（图5-12），如需用临时螺栓，则每个节点穿入数量不少于安装孔数的1/3，且至少穿入两个临时螺栓；冲钉穿入数量不宜多于临时螺栓的

30%。当屋架与钢柱的翼缘连接时，应保证屋架连接板与柱翼缘板接触紧密，否则应垫入垫板使之紧密。如屋架的支承反力靠钢柱上的承托板传递时，屋架端节点与承托板的接触要紧密，其接触面积不小于承压面积的70%，边缘最大间隙不应大于0.8mm，较大缝隙应用钢板垫实。

图5-12　钢屋架临时固定

（7）钢支撑系统，每吊装一榀屋架经校正后，随即将与前一榀屋架间的支撑系统吊上，每一节间的钢构件经校正、检查合格后，即可用电焊、高强螺栓或普通螺栓进行最后固定。

（8）天窗架安装一般采取两种方式：

1）将天窗架单榀组装，屋架吊装校正、固定后，随即将天窗架吊上，校正并固定；

2）当起重机起吊高度满足要求时，将单榀天窗架与单榀屋架在地面上组合（平拼或立拼），并按需要进行加固后，一次整体吊装。每吊装一榀，随即将与前一榀天窗架间的支撑系统及相应构件安装上。

（9）檩条（图5-13）重量较轻，为发挥起重机效率，多采用一钩多吊逐根就位，间距用样杆顺着檩条来回移动检查，如有误差，可放松或扭紧檩条之间的拉杆螺栓进行校正；平直度用拉线和长靠尺或钢尺检查，校正后，用电焊或螺栓最后固定。

（10）屋盖构件安装连接时，如螺栓孔眼不对，不得用气割扩孔或改为焊接。每个螺栓不得用两个以上垫圈；螺栓外露螺纹长度不得少于2～3螺距，并应防止螺母松动；更不得用螺母代替垫圈。精制螺栓孔不准使用冲钉，也不得用气割扩孔。构件表面有斜度时，应采用相应斜度的垫圈。

（11）支撑系统安装就位后，应立即校正并固定，不得以定位点焊来代替安装螺栓或安装焊缝，以防遗漏，造成结构失稳。

图 5-13　檩条安装

（12）钢屋盖构件的面漆，一般均在安装前涂好，以减少高空作业。安装后节点的焊缝或螺栓经检查合格，应及时涂底漆和面漆。设计要求用油漆腻子封闭的缝隙，应及时封好腻子后，再涂刷油漆。高强度螺栓连接的部位，经检查合格，也应及时涂漆；油漆的颜色应与被连接的构件相同。安装时构件表面被损坏的油漆涂层，应补涂。

（13）不准随意在已安装的屋盖钢构件上开孔或切断任何杆件，不得任意割断已安装好的永久螺栓。

（14）利用已安装好的钢屋盖构件悬吊其他构件和设备时，应经设计同意，并采取措施防止损坏结构。

## 第二节　构件安装质量检验

### 一、单层钢结构构件安装质量检验

单层钢结构构件安装质量检验时应按下列内容进行操作：

（1）单层钢结构安装工程可按变形缝或空间刚度单元等划分成一个或若干个检验批。地下钢结构可按不同地下层划分检验批。

（2）钢结构安装检验批应在进场验收和焊接连接、紧固件连接、制作等分项工程验收合格的基础上进行验收。

（3）安装的测量校正、高强螺栓安装、负温度下施工及焊接工艺等，应在安装前进行工艺试验或评定，并应在此基础上制订相应的施工工艺或方案。

（4）安装偏差的检测，应在结构形成空间刚度单元并连接固定后进行。

（5）安装时，必须控制屋面、楼面、平台等的施工荷载，施工荷载和冰雪荷载等严禁超过梁、桁架、楼面板、屋面板、平台铺板等的承载能力。

（6）在形成空间刚度单元后，应及时对柱底板和基础顶面的空隙进行细石混凝土、灌浆料等二次浇灌。

（7）吊车梁或直接承受动力荷载的梁其受拉翼缘、吊车桁架或直接承受动力荷载的桁架其受拉弦杆上不得焊接悬挂物和卡具等。

### 二、多层及高层钢结构构件安装质量检验

多层及高层钢结构构件安装质量检验时应按下列内容进行操作：

（1）多层及高层钢结构安装工程可按楼层或施工段等划分为一个或若干个检验批。地下钢结构可按不同地下层划分检验批。

（2）柱、梁、支撑等构件的长度尺寸应包括焊接收缩余量等变形值。

（3）安装柱时，每节柱的定位轴线应从地面控制轴线直接引上，不得从下层柱的轴线引上。

（4）结构的楼层标高可按相对标高或设计标高进行控制。

（5）钢结构安装检验批应在进场验收和焊接连接、紧固件连接、制作等分项工程验收合格的基础上进行验收。

（6）安装的测量校正、高强螺栓安装、负温度下施工及焊接工艺等，应在安装前进行工艺试验或评定，并应在此基础上制订相应的施工工艺或方案。

（7）安装偏差的检测，应在结构形成空间刚度单元并连接固定后进行。

（8）安装时，必须控制屋面、楼面、平台等的施工荷载，施工荷载和冰雪荷载等严禁超过梁、桁架、楼面板、屋面板、平台铺板等的承载能力。

（9）在形成空间刚度单元后，应及时对柱底板和基础顶面的空隙进行细石混凝土、灌浆料等二次浇灌。

（10）吊车梁或直接承受动力荷载的梁其受拉翼缘、吊车桁架或直接承受动力荷载的桁架其受拉弦杆上不得焊接悬挂物和卡具等。

### 三、钢结构焊接质量检验

钢结构焊接质量检验应按下列内容进行操作：

（1）焊条、焊剂、焊丝和施焊用的保护气等必须符合设计要求和钢结构焊接的专门规定。

（2）焊工必须经考试合格，取得相应施焊条件的合格证书。

（3）承受拉力或压力且要求与母材等强度的焊缝，必须经超声波、X射线探伤检验。

（4）焊缝表面严禁有裂纹、夹渣、焊瘤、弧坑、针状气孔和熔合性飞溅物等缺陷。

（5）焊缝的外观应进行质量检查，要求焊波比较均匀，明显处的焊渣和飞溅物应清除干净。

### 四、钢结构高强螺栓连接质量检验

钢结构高强螺栓连接质量检验应按下列内容进行操作：

（1）高强螺栓的型式、规格和技术条件必须符合设计要求和有关标准规定。

（2）构件的高强螺栓连接面的摩擦因数必须符合钢结构用高强螺栓的专门规定时，方准使用。

（3）高强螺栓必须分两次拧紧，初拧、终拧质量必须符合设计要求。

（4）高强螺栓接头外观要求：正面螺栓传入方向一致，外露长度不少于 2 扣。

### 五、钢结构构件安装质量检验

钢结构构件安装质量检验应按下列内容进行操作：

（1）构件必须符合设计要求和施工规范规定。由于运输、堆放等造成的构件变形必须矫正。

（2）垫铁规格、位置要正确，与柱底面和基础接触紧贴平稳，点焊牢固。垫浆垫铁的砂浆强度必须符合规定。

（3）构件中心、标高基准点等标记完备。

（4）结构外观表面干净，结构面无焊疤、油污和泥浆。

（5）磨光顶紧的构件安装面要求顶紧面紧贴不少于 70%，边缘最大间隙不超过 0.8mm。

## 第三节　常见质量通病及防治措施

### 一、紧固连接构件连接常见质量问题及防治措施

1. 螺栓规格不符合设计要求

外在表现：外观和材质不符合设计要求。

防治措施：螺栓由于运输、存放、保管不当，表面生锈、沾染污物、螺纹损伤、材质和制作工艺不合理等都会造成螺栓规格不符合设计要求。因此螺栓在储运过程中，应轻装、轻卸，防止损伤螺纹；存放、保管必须按规定进行，防止生锈和沾染污物。制作出厂必须有质量保证书，严格制作工艺流程。

2. 螺栓与连接件不匹配

外在表现：螺栓规格偏大或者连接件规格偏大；螺栓规格偏小或者连接件规格偏小。

防治措施：螺栓与连接件不匹配的防治措施：在连接之前，按设计要求对螺栓和连接件进行检查，对不符合设计要求的螺栓或者连接件进行替换。

3. 螺栓间距偏差过大

外在表现：螺栓排列间距超过最大或最小容许距离。

防治措施：在螺栓排列时，要严格按照设计要求排列，其间距必须严格遵照规范要求。

4. 螺栓没有紧固

外在表现：螺栓紧固不牢靠，出现脱落或松动现象。

防治措施：普通螺栓连接对螺栓紧固轴力没有要求，因此螺栓的紧固施工以操作者的手感及连接接头的外形控制为准，也就是说一个操作工使用普通扳手靠自己的力量拧紧螺母即可，保证被连接接触面能密贴，无明显的间隙，这种紧固施工方式虽然有很大的差异性，但能满足连接要求。为了使连接接头中螺栓受力均匀，螺栓的紧固次序应从中间开始，对称向两边进行；对大型接头应采用复拧，也就是两次紧固方法，保证接头内各个螺栓能受力均匀。

## 二、高强螺栓连接常见质量问题及防治措施

1. 高强螺栓扭矩系数不符合设计要求

外在表现：高强螺栓的扭矩系数大于 0.15 或者小于 0.11。

防治措施：高强螺栓扭矩系数的防治措施有以下几种：

（1）加强高强螺栓的储运和保管，螺栓、螺母、垫圈不能生锈，螺纹不能损伤或沾上脏物。制作厂应按批配套进货，必须具有相应的出厂质量保证书。安装时必须按批配套使用，并且按数量领取。

（2）大六角头高强螺栓施工前，应按出厂批复验高强度螺栓的扭矩系数，每批复检 8 套，8 套扭矩系数的平均值应在 0.11~0.15 的范围之内，其标准差小于或等于 0.01。

（3）螺孔不能错位，不能强行打入，以免降低扭矩系数。

2. 高强螺栓摩擦面抗滑移系数不符合设计要求

外在表现：高强螺栓摩擦面抗滑移系数的最小值小于设计规定值。

防治措施：

（1）制作厂应在钢结构制作的同时进行抗滑移系数试验，安装单位应检验运到现场的钢结构构件摩擦面抗滑移系数是否符合设计要求。不符合要求不能出厂或者不能在工地上进行安装，必须对摩擦面做重新处理，重新检验，直到合格为止。

（2）高强螺栓连接摩擦面加工，可采用喷砂、喷（抛）丸和砂轮打磨方法。如采用砂轮打磨方法，打磨方法与构件受力方向垂直，且打磨范围不得小于螺栓

直径的 4 倍。对于加工好的抗滑移面，必须采取保护措施，不能沾有污物。

（3）尽量选择同一材质、同一摩擦面处理工艺、同批制作、使用同一性能等级的螺栓。为避免偏心对试验值的影响，试验时要求试件的轴线与试验机夹具中心线严格对中。试件连接形式采用双面对接拼接。

3. 高强螺栓表面质量不合格

外在表现：高强螺栓使用时螺栓表面有无规律裂纹。

防治措施：

（1）严格执行过程检验，发现问题及时找出原因并解决，运到现场再一次着色，进行着色探伤。

（2）高强螺栓连接副终拧后，螺栓螺纹外露应为 2～3 个螺距，其中允许有10%的螺栓螺纹外露 1 个螺距或 4 个螺距。

（3）高强螺栓锻造、热处理及其他成型工序，都必须安装各工序的合理工艺进行。

4. 高强螺栓连接错误

外在表现：高强螺栓连接节点无法旋拧，连接顺序错乱。

防治措施：设计节点时应考虑专门扳手的可操作空间，连接严格按顺序进行。

5. 高强螺栓接触面有间隙

外在表现：高强螺栓接触面间隙过大。

防治措施：在间隙小于 1.0mm 时，不予处理；间隙在 1.0～3.0mm 时，将板厚一侧磨成 1:10 的缓坡，使间隙小于 1.0mm；在间隙大于 3.0mm 时加垫板，垫板厚度不小于 3mm，最多不超过三层，垫板材质和摩擦面处理方法与构件相同。

## 三、单层钢结构安装常见质量问题及防治措施

1. 钢柱垂直偏差过大

外在表现：钢柱垂直偏差超过允许值。

防治措施：

（1）在竖向吊装时，应正确选择吊点，一般应选在柱全长 2/3 的位置，以防止因钢柱较长，其刚性较差，在外力作用下失稳变形。

（2）吊装钢柱时还应注意起吊半径或旋转半径是否正确，并采取在柱底端设置滑移设施，以防钢柱吊起扶直时发生拖动阻力以及压力作用，促使柱体产生弯曲变形或损坏底座板。

（3）当钢柱被吊装到基础平面就位时，应将柱底座板上面的纵横轴线对准基础轴线（一般由地脚螺栓与螺孔来控制），以防止其跨度尺寸产生偏差。

2. 钢柱柱身发生变形

产生原因：风力对柱面产生压力，使柱身发生侧向弯曲；钢柱受阳光照射的

正面与侧面产生温差，使其发生弯曲变形。

防治措施：

（1）当校正柱子时，在风力超过 5 级时停止进行。对已校正完的柱子应进行侧向梁的安装或采取加固措施，以增加整体连接的刚性，防止风力作用产生的变形。

（2）由于受阳光照射的一面温度较高，则阳面膨胀的程度就越大，使柱靠上端部分向阴面弯曲就越严重；所以校正柱子工作应避开阳光照射的炎热时间，可在早晨或阳光照射较低温的时间及环境内进行。

3. 钢柱长度尺寸偏差过大

产生原因：钢柱长度尺寸偏差超过允许值。

防治措施：

（1）钢柱在制造过程中应严格控制以下三个长度尺寸：

1）控制设计规定的总长度及各位置的长度尺寸。

2）控制在允许的负偏差范围内的长度尺寸。

3）控制正偏差和不允许产生正超差值。

（2）基础支承面的标高与钢柱安装标高的调整处理，应根据成品钢柱实际制作尺寸进行，以使实际安装后的钢柱总高度及各位置高度尺寸达到统一。

4. 钢屋架跨度偏差过大

产生原因：钢屋架跨度偏差超过允许值。

防治措施：

（1）为使钢柱的垂直度、跨度不产生位移，在吊装屋架前应采用小型拉力工具在钢柱顶端按跨度值对应临时拉紧定位，以便于安装屋架时按规定的跨度进行入位、固定安装。

（2）如果柱顶板孔位与屋架支座孔位不一致时，不应采用外力强制入位，应利用椭圆孔或扩孔法调整入位，并用厚板垫圈覆盖焊接，将螺栓紧固。不经扩孔调整或用较大的外力进行强制入位，将会使安装后的屋架跨度产生过大的正偏差或负偏差。屋架端部底座板的基准线必须与钢柱的柱头板的轴线及基础轴线位置一致。

5. 钢吊车梁垂直偏差过大

产生原因：钢吊车梁垂直偏差超过允许值。

防治措施：

（1）预先测量吊车梁在支承处的高度和牛腿距柱底的高度，若产生偏差，可用垫铁在基础平面上或牛腿支承面上予以调整。

（2）吊装吊车梁前，为防止垂直度、水平度超差，应认真检查其变形情况，如发生扭曲等变形时，应予以矫正，并采取刚性加固措施。

（3）安装时应按梁的上翼缘平面事先划的中心线，进行水平移位、梁端间隙的调整，达到规定的标准要求后，再进行梁端部与柱的斜撑等的连接。

（4）钢柱安装时，应认真按要求调整好垂直度和牛腿面的水平度，以保证下部吊车梁安装时达到要求的垂直度和水平度。

（5）钢柱在制作时应严格控制底座板至牛腿面的长度尺寸及扭曲变形。

（6）吊车梁各部位置基本固定后应认真复测有关安装的尺寸，按要求达到质量标准后，再进行制动架的安装和紧固。

### 四、多层及高层钢结构安装常见质量问题及防治措施

1. 多层装配式框架安装变形过大

产生原因：钢柱、钢梁及其配件有变形；吊装后轴线偏差超过允许值。

防治措施：

（1）安装前，必须对钢柱、钢梁及其配件进行校正，校正合格后方可进行安装。

（2）高层和超高层钢结构测设，根据现场情况可采用外控法或内控法。

（3）雾天、阴天因视线不清，不能放线。为防止阳光对钢结构照射产生变形，放线工作在日出或日落后进行为宜。

（4）钢尺要统一，使用前要进行温度、拉力、挠度校正，在可能的情况下应采用全站仪，接收靶测距精度最高。

（5）在吊装过程中，对每一钢构件，都要检查其质量、就位位置、连接方式以及连接板尺寸，确保安全、质量要求。

2. 水平支撑安装偏差过大

外在表现：水平支撑安装偏差过大。

防治措施：

（1）安装时应使水平支撑稍做上拱略大于水平状态与屋架连接，使安装后的水平支撑即可消除下挠；如连接位置发生较大偏差不能安装就位时，不应采用牵拉工具用较大的外力强行入位连接，否则不仅仅会使屋架下弦侧向弯曲或者水平支撑发生过大的上拱或下挠，还会使连接构件存在较大的结构应力。

（2）吊架时，应采用合理的吊装工艺，防止产生弯曲变形，导致其下挠度的超差。可采用下述方法防止吊装变形：如十字水平支撑长度较长、型钢截面较小、刚性较差，吊装前应用圆木杆等材料进行加固，吊点位置应合理，使其受力重心在平面均匀受力，吊起时不产生下挠为准。

# 第六章 装配式混凝土住宅安装施工

## 第一节 墙、板结构安装

施工流程：施工方法的选择→吊装机械的选择→墙板结构安装注意事项→加气混凝土外墙板安装。

1. 施工方法的选择

装配式墙板的安装方法主要有直接吊装法和储存吊装法两种。

（1）直接吊装法：又称原车吊装法，将墙板由生产场地按墙板安装顺序配套运往施工场地，使用运输工具直接向建筑物上安装，如图 6–1 所示。

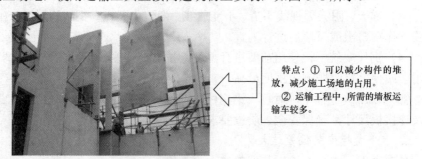

特点：① 可以减少构件的堆放，减少施工场地的占用。
② 运输工程中，所需的墙板运输车较多。

图 6–1 直接吊装法安装墙板

（2）储存吊装法：构件从生产场地按型号、数量配套，直接运往施工现场吊装机械工作半径范围内储存（图 6–2），然后进行安装；构件的储存数量一般为民用建筑储存 1～2 层所用的构配件。

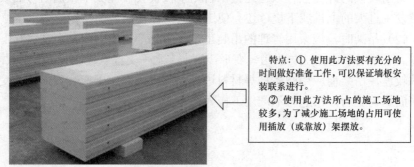

特点：① 使用此方法要有充分的时间做好准备工作，可以保证墙板安装联系进行。
② 使用此方法所占的施工场地较多，为了减少施工场地的占用可使用插放（或靠放）架摆放。

图 6–2 构件储存在吊装机械工作半径范围内

2. 吊装机械的选择

墙板结构安装所使用的机械主要有塔式起重机和履带式起重机，其主要特点见表 6–1。

表 6–1　　　　　　　　　　　　　吊 装 机 械 的 特 性

| 名称 | 图　　片 | 特　　点 |
|------|----------|----------|
| 塔式起重机 | | （1）起重高度和工作半径交底。<br>（2）转移、安装和拆除较为烦琐。<br>（3）驾驶室位置较高，司机视野宽阔 |
| 履带式起重机 | | （1）起吊高度受到一定限制。<br>（2）起重机形式和转移较为方便 |

吊装机械在选择过程中不但要考虑表 6–1 中的因素，还应注意以下几点：

（1）吊装机械的起重量应不小于墙板的最大重量和其中索具重量之和。

（2）吊装机械的工作半径应不小于吊装机械中心到最远墙板的距离，其中包括吊装机械与建筑物之间的安全距离。若采用履带式起重机时，还要考虑臂杆至屋顶挑檐的最小安全距离。

3. 墙板结构安装的注意事项

（1）外墙板进场后，先复核墙板四边的尺寸和对角线，并弹出与柱子连接的位置线，将墙板上部与柱子连接的角钢焊好。

（2）外墙板安装就位后，先用木楔调整墙板的安装标高，使墙板上端与柱子连接的位置线和柱子下端与墙板连接的位置线相互对准，并在墙板下端焊上角钢，用螺栓固定。在调整墙板安装标高的同时，用倒链（图 6–3）进行临时固定。

（3）每层框架和楼板安装后，根据控制轴线在柱子上弹出墙板里皮垂直位置线和水平控制线，并根据水平控制线放出柱子下端与墙板连接的位置线，将柱子下端连接的角钢焊好。

（4）待墙板下端与柱子固定后，再焊接柱子上端与墙板连接的角钢和墙板上端的角钢，用螺栓固定。

使用倒链临时固定墙板施工技巧:
倒链一端勾在外墙板的吊环上,另一
端勾在楼板吊环上;用松紧倒链的方
法来调整墙板的垂直度,使墙板里皮
与柱子上的墙板里皮垂直线相吻合。

图 6-3　倒链

4. 加气混凝土外墙板安装

(1) 施工流程:施工方法的选择→施工工具的准备→墙板安装操作。

1) 施工方法的选择。加气混凝土外墙布置形式的分类如下:

① 横向为主布置形式。墙板沿开间方向水平布置,板材两端与柱连接。施工方法与竖向墙板类似,只是所用吊装工具不同,它可以单块吊装,也可以粘结拼装后吊装。

② 竖向为主布置形式。竖向为主的布置形式,即板材沿层高方向垂直布置,通过两板之间的板槽内灌浆插筋,与上下部位的楼板、梁连接。窗过梁一般均为横放,窗槛墙可以竖放,也可横放。

施工时可采用两种形式吊装:一种是单块吊装,另一种是由两块或两块以上的板材粘结后吊装。竖墙板的施工,一般是留出门窗洞,最后安装过梁和窗槛墙。

③ 拼装大板。由于加气混凝土板窄、吊装次数多的缺点,现已发展将单板在工厂或现场拼装成比较大型的板材进行吊装。目前,多采用工地现场拼装的方法(组合拼装大板),如图 6-4 所示。

图 6-4　现场拼装大板

组合拼装大板:将小块条板在拼装平台上用方木和螺栓组合锚固成大板,吊装就位后再灌缝。

2) 施工工具的准备。加气混凝土外墙板施工中,经常要准备表 6-2 中的工具。

**表 6–2** 常 用 施 工 工 具

| 名称 | 特 性 | 图 例 |
|---|---|---|
| 手工锯 | 分为分手锯和锋钢锯两种。分手锯用于局部切锯或异形构件切锯；锋钢锯专门用于锯板内钢筋 | |
| 电动台锯 | 能对最大厚度为 200mm 的板材进行纵横切锯。切锯 200mm 厚板材，一般用 10kW 电动机；锯片采用 45 号钢盘周边粘金刚砂锯片 | |
| 钻孔工具 | 钻机可采用电动慢速钻或 13mm 手持电钻，也可采用木工手摇钻。钻头和钻杆根据不同构造要求而定，一般有三种：扩充钻、大孔钻和直孔钻 | |
| 空气压缩机 | 一般采用 5m³ 空气压缩机，用来清除板材表面粉末、缝隙孔内渣末 | |
| 撬棍 | 由于加气混凝土的强度较低，板材就位后，不能用一般撬棍调整挪动位置，此时宜采用专用撬棍 | |
| 铺浆器 | 用来在板材侧面水平方向铺浆 | |

3）墙板安装操作。

① 板材运输吊装切勿用钢丝绳兜吊装卸，如必须用时，应在钢丝绳上套上橡胶管，以免勒坏板材。切忌用铁丝捆扎和包装板材。

② 外墙板如采用单块吊装方式，应尽可能将板材布置在建筑物周围；如果采用现场拼装大板方式，则在现场必须设置拼装场地，可根据现场大小采取集中设置或分散设置两种形式。

a. 分散设置：将总组装场地分散安排在建筑物周围，这样既是拼装部位，又能代替成品堆放的插放架，其余场地可设置在施工场地以外。

b. 集中设置的主要内容如下：

③ 竖向布置的墙板（图6-5）两端应加工灌浆槽，灌浆槽的尺寸视所用灌缝砂浆而定。

施工指导：槽缝如用普通砂浆灌缝，槽不宜小于50mm×50mm；用粘结砂浆灌缝，槽不宜小于35mm×35mm。

图6-5　竖向布置墙板

④ 加气混凝土条板切锯时应遵循以下两项原则：

a. 应避免切锯在钢筋的纵断面上。

b. 高度3m以下时，施工方法采用单块墙板吊装，其墙板切锯的最小宽度不得小于150mm，并应至少保留一对钢筋；如系拼装大板左右立柱，板材最小宽度不得小于300mm，且至少保留两对钢筋。

⑤ 墙板吊装就位后，最好能与主体结构（如柱、梁或墙等）做临时固定。如因无法与主体结构临时固定时，可采用操作平台等方法固定墙板。

⑥ 板缝灌浆可采用灌浆斗。对垂直安装墙板的竖缝、拼装大板灌缝（图6-6）以及水平安装墙板端头缝的灌浆必须饱满。

施工小常识：如采用水泥砂浆灌缝，事先必须对灌浆槽充分浇水湿润，以保证砂浆与板材有良好的粘结，随灌随用φ10 钢筋捣实；如采用粘结砂浆灌缝，为避免板缝和板底跑浆，可先用石膏腻子内外勾缝后再灌浆。

图 6-6 拼装大模板灌缝

## 第二节 装配式大板住宅建筑结构安装

目前，装配式大板钢筋混凝土结构房屋已广泛用于 12 层以下的民用居住建筑，该类结构具有施工速度快、不受季节影响等优点。

1. 装配式大板住宅结构安装方法

（1）主要用逐间封闭式吊装法。有通长走廊的单身宿舍，一般用单间封闭；单元式居住建筑，一般用双间封闭。

（2）由于逐间闭合，随安装随焊接，施工期间结构整体性好，临时固定简便，焊接工作比较集中，被普遍采用。

（3）建筑物较长时，为了避免点焊线行程过长，一般由建筑物中部开始安装。建筑物较短时，也可由建筑物一端第二间开始安装。封闭的第一间为标准间，作为其他安装的依据。

2. 安装流程

安装流程：测量放线→抹找平层→铺灰→起吊、就位、校正和塞灰→临时固定→焊接。

3. 施工操作细节详解

（1）测量放线工作。

1）根据规划资料或设计提供的相对关系桩引测的标准轴线和水准点，必须经过复测检验无误后方准使用，并应做好妥善保护。

2）板式建筑物（图 6-7）的放线，以两道外纵墙、两道山墙及单元分界墙的轴线为控制轴线，用经纬仪在地面上测出并订立控制桩。以后每层放线均从控制轴线桩用经纬仪往上引测。

3）塔式建筑物的放线，以纵横错动部位为单元体，引出单元体四边外框轴线为控制轴线，用经纬仪在地面上测出并钉立控制桩。以后每层放线均从控制轴线桩用经纬仪往上引测。

经验指导：每楼层应在内墙板顶部下方 10cm 处设置控制楼层标高的水平线一道。

图 6-7　板式建筑物

4）每栋建筑物的控制轴线不得少于四条，即纵、横轴向各两条。当建筑物长度超过 50m 时，可增设附加横向控制线。

5）楼面放线则根据引测至楼面的控制线用墨线放出分间轴线及墙板边线、门窗位置线、节点线等，并标注墙板型号。

6）每栋建筑物应设置水准点 1～2 个。根据水准点在建筑物首层楼梯间墙面上确定控制水平线。各层水平标高，均由楼梯间控制水平线用钢尺向上引测。

（2）找平层抹灰。

1）墙板吊装前抹找平层：墙板吊装前，在墙板两侧边线内两端铺两个灰饼（遇有门洞口要增设灰饼），以控制标高。灰饼的位置可与吊点位置相对应。灰饼长约 15cm，灰饼宽比墙板厚每边少 1cm，灰饼厚按抄平厚度确定。灰饼用 1:3 水泥砂浆，如厚度超过 3cm 时，应改为细石混凝土。灰饼表面要平整。墙板安装时，灰饼需有一定的强度。

2）楼板、屋面板吊装（图 6-8）前抹找平层：每层墙板安装好一半以上时，配合抄平放线工作进行楼板找平层施工。

施工小常识：楼板吊装前应抹找平层：找平层用 1:2.5 水泥砂浆，厚度超过 3cm 时，改用细石混凝土。抹找平层可用靠尺，靠尺下端对准在墙板上弹出的水平线，上端对准楼板底标高，用砂浆抹平。

图 6-8　楼板吊装

（3）铺灰。

1）墙板安装前的铺灰与安装相隔不宜超过一间，铺灰时注意留出墙板两侧边线，以便于墙板安装就位。楼板安装前的铺灰应随铺随安装。墙板铺灰用 1:3 水泥砂浆，铺灰处事先应清除杂物、灰尘，并浇水湿润。铺灰厚度大于 3cm 时，宜用细石混凝土。

2）楼板安装前要在找平层上坐浆。坐浆可用墙顶铺灰器，这种铺灰器不需要支搭脚手架，操作人员站在楼面上即可把灰浆均匀地铺在墙顶上。铺灰和坐浆必须严密饱满。

（4）起吊、就位、校正和塞灰。

1）起吊（图 6-9）前应先检查墙板型号，整理预埋铁件，清除浮浆，使其外露。缺棱掉角损坏严重的墙板，不得吊装。起吊前应进行测试。

2）起吊应垂直、平稳，绳索与构件间的夹角不宜小于 60°，各吊点受力要均匀，如墙板构件存在偏重时，应采取适当措施。墙板在提升、转臂、运行过程中，应避免振动和冲击。

图 6-9　楼板起吊

3）墙板就位时（图 6-10），应对准墙板边线，尽量一次就位，以减少撬动。如果就位误差较大，应将墙板重新吊起调整。尤其是外墙板，在吊装就位校正时，不准用撬棍猛撬板底，防止将墙板的构造防水线角破坏。

施工小常识：墙板就位后，用间距尺杆测量墙板顶部的开间距离，用靠尺测量墙板板面和立缝的垂直度，并检查相邻两块墙板接缝处是否平整。如有误差，则调整临时固定器或用撬棍进行少许调整。

图 6-10　墙板就位

4）校正外墙板立缝垂直度时，可采用在墙板底部垫铁楔的方法。两块一间的楼板的调平可用楼板调平器，将千斤顶和支柱分别支设在需要调平的楼板附近，用铁链吊钩勾住需调平部位的楼板吊环，调整千斤顶丝杆，使板面调平，调平后用薄铁垫板垫平楼板底部，用水泥砂浆将空隙塞严。

5）建筑物的四角须用经纬仪由底线校正，以控制建筑物的位置和山墙板的垂直度。吊装第一间标准间时，要严格控制轴线和外墙板垂直度，以保证以后安装的准确性。

6）墙板、楼板固定后，随即用 1:2.5 水泥砂浆进行墙板下部和楼板底部的塞灰工作，塞缝应凹进 5mm，以利于装修。待砂浆干硬后，抽出校正用的铁楔子或铁板以备再用。用预应力钢筋吊具的墙板，临时固定后，应缓慢放松预应力，抽出预应力钢筋吊具。

（5）临时固定。墙板临时固定有操作平台法（图 6-11）和工具式斜撑法（图 6-12）两种方法，一般多采用操作平台法。操作平台法不但适用于标准间，而且也适用于其他房间。楼梯间及不宜放置操作平台的房间，配以水平拉杆和转角固定器做临时固定。

施工小常识：操作平台。每条吊装线按规格最多的大、小房间尺寸各配备一台。在操作平台两侧的立柱上附设两根测距杆，平时将测距杆附在立柱上，当操作平台安放就位时，将测距杆放平对准墙板边线，即可一次安放就位。在操作平台上部栏杆上附设墙板固定器，当墙板就位后，用墙板固定器固定墙板位置，并用中间的手轮丝杠调整墙板的垂直度。

图 6-11　墙板采用操作平台临时固定

经验指导：水平拉杆有钢、木两种。木制水平拉杆中间为方木，两端为钢卡头，长度按开间尺寸确定。墙板就位后，用卡头卡住墙板，并在墙板两侧卡头空档内用木楔楔紧，通过松紧木楔来调整墙板的垂直度；钢制水平拉杆中间为钢管，两端有钢卡头，其中一端配有内套丝杠，可以自由伸缩，随间距大小而任意调整。

图 6-12　墙板采用工具式斜撑法固定

（6）焊接。

1）墙板、楼板等构件经临时固定和校正后，随即进行焊接。焊接后方可拆除临时固定装置。

2）构件安装就位后，对各节点及板缝中预留的钢筋、锚环均须再次核对、剔凿、调直、除锈。如遇构件伸出钢筋长度不符设计搭接要求时，必须增加连接钢筋，以保证焊接长度。

4. 安装注意事项

（1）吊具和索具应定期检查。非定型的吊具和索具均应验算，符合有关规定后才能使用。

（2）构件起吊前应进行试吊，吊离地面 30cm，应停车缓慢行驶，检查刹车灵敏度及吊具的可靠性。

（3）吊装机械的起重臂和吊运的构件，与高低压架空输电线路之间应保持一定的安全距离，可按国家有关规定执行。

（4）当两台吊装机械同时操作时，应注意两机之间保持一定的安全距离，即吊钩所悬构件之间不得小于 5m。

（5）吊装机械在工作中，严禁重载调幅。起吊楼板时，不准在楼板面放小车。吊移操作平台时，上面严禁站人。

（6）墙板构件就位时，不得挤压电焊的电线，防止触电。

（7）墙板固定后，不准随便撬动。如需再校正时，必须回钩。墙板临时固定器须待焊接完成才能撤除。

（8）电焊机棚的电缆，应系于安全网里侧，电焊人员要逐层将其固定好。焊把线要经常检查，要有专人拉线及清理棚内外易燃物。

5. 施工总结

墙板吊装如出现偏差时，可在偏差允许范围内，按下列原则进行调整：

（1）内墙板的轴线、垂直偏差和接缝平整三者发生矛盾时，应先以轴线为主进行调整。

（2）外墙板不方正时，应以竖缝为主进行调整；内墙板不方正时，应以满足门口垂直为主进行调整；外墙板接缝不平时，应先满足外墙面平整为主；外墙板缝上下宽度不一致时，可均匀调整。

（3）相邻两块墙板错缝时，若在楼梯间与厨房、厕所之间，应先保证楼梯间墙板平整；若在起居室与厨房、厕所之间，应先保证起居室墙面平整；若在两起居室之间，应均匀调整。

（4）内墙板吊装偏差在允许范围内连续倒向一边时，不允许超过 2 间，第二间必须向相反方向调整，以免误差积累。

（5）山墙角与相邻板立缝的偏差，以保证角的垂直为准。

## 第三节　板　缝　施　工

### 一、板缝防水及保温施工

1. 板缝防水处理

（1）防水材料的选择。对嵌缝防水材料的要求是密实不渗水，高温不流淌，低温不脆裂，与混凝土、砂浆有良好的粘结性能，防腐蚀，抗老化，可以冷施工。

目前常用的嵌缝防水材料有建筑油膏、胶油、沥青油膏、聚氯乙烯胶泥等。

（2）板缝防水的常用形式。

1）内浇外挂的预制外墙板主要采用外侧排水空腔及打胶，内侧依赖现浇部分混凝土自防水的接缝防水形式。

特点：这种外墙板接缝防水形式是目前运用最多的一种形式，它的好处是施工比较简易、速度快，缺点是防水质量难以控制，空腔堵塞情况时有发生，一旦内侧混凝土发生开裂，直接导致墙板防水失败。

2）外挂式预制外墙板采用的是封闭式线防水形式。

特点：这种墙板防水形式主要有 3 道防水措施：最外侧采用高弹力的耐候防水硅胶，中间部分为物理空腔形成的减压空间，内侧使用预嵌在混凝土中的防水橡胶条上下互相压紧来起到防水效果。在墙面之间的十字接头处，在橡胶止水带之外再增加一道聚氨酯防水，其主要作用是利用聚氨酯良好的弹性封堵橡胶止水带相互错动可能产生的细微缝隙。对于防水要求特别高的房间或建筑，可以在橡胶止水带内侧全面施工聚氨酯防水，以增强防水的可靠性。每隔 3 层左右的距离在外墙防水硅胶上设一处排水管，可有效地将渗入减压空间的雨水引导到室外。

3）外挂式预制外墙板还有一种接缝防水形式，称为开放式线防水。

特点：这种防水形式与封闭式线防水在内侧的两道防水措施，即企口型的减压空间以及内侧的压密式的防水橡胶条，是基本相同的，但是在墙板外侧的防水措施上，开放式线防水不采用打胶的形式，而是采用一端预埋在墙板内，另一端伸出墙板外的幕帘状橡胶条上下相互搭接来起到防水作用，同时外侧的橡胶条间隔一定距离设置不锈钢导气槽，同时起到平衡内外气压和排水的作用。

（3）板缝防水施工要点。

1）墙板施工前做好产品的质量检查。预制墙板的加工精度和混凝土养护质量直接影响墙板的安装精度和防水情况。墙板安装前必须认真复核墙板的几何尺寸和平整度情况，检查墙板表面以及预埋窗框周围的混凝土是否密实，是否存在贯通裂缝。混凝土质量不合格的墙板严禁使用。

2）墙板施工时严格控制安装精度，墙板吊装前认真做好测量放线工作。不仅要放基准线，还要把墙板的位置线都放出来，以便于吊装时墙板定位。墙板精度调整一般分为粗调和精调两步，粗调是按控制线为标准使墙板就位脱钩，精调要求将墙板轴线位置和垂直度偏差调整到规范允许偏差范围内，实际施工时一般要求不超过 5mm。

3）墙板接缝防水施工时严格按工艺流程操作，做好每道工序的质量检查。墙板接缝外侧打胶要严格按照设计流程来进行，基底层和预留空腔内必须使用高压空气清理干净。打胶前背衬深度要认真检查，打胶厚度必须符合设计要求，打胶部位的墙板要用底涂处理增强胶与混凝土墙板之间的粘结力。打胶中断时要留好施工缝，施工缝内高外低，互相搭接不能少于 5cm。

　　墙板内侧的连接铁件和十字接缝部位使用打聚氨酯密封处理。由于铁件部位

没有橡胶止水条，施工聚氨酯前要认真做好
铁件的除锈和防锈工作。聚氨酯要施打严密，
不留任何缝隙，施工完毕后要进行泼水试验，
确保无渗漏后才能密封盖板。

　　2. 板缝保温处理

　　寒冷地区板缝要增加保温处理，以避免因
冷桥作用产生结露现象，影响使用效果。处理
方法可在接缝处附加一定厚度的轻质保温材
料（如泡沫聚苯乙烯等），如图 6-13 所示。

图 6-13　板缝做保温处理施工

## 二、装配式大板混凝土建筑板缝施工

　　工艺流程：选用板缝混凝土浇筑模板→板缝混凝土浇筑。

　　1. 选用板缝混凝土浇筑模板

　　板缝混凝土浇筑的模板一般有木模和钢模两种形式，具体内容如下。

　　　　　　　　　　　　　　（1）工具式钢模，如图 6-14 所示。
　　　　　　　　　　　　　　（2）工具式木模。木模板应刨光。
支模前应将板缝内部和立缝下八字角处
清理干净。木模支模应和结构吊装相隔
两间以上的距离，以免电焊火花飞溅伤
人。模板应深入板缝 1cm。
　　　　　　　　　　　　　　拆模时间视气温情况而定。拆模时
不允许混凝土有塌落现象，不得损坏构
件。拆模后，应立即将漏出的混凝土铲
除，保持墙面和楼地面的整洁。拆下的
模板、铁件、木楔等要集中存放并清理

图 6-14　工具式钢模

干净，以备再用。

　　2. 板缝混凝土浇筑

　　（1）浇筑板缝混凝土前，应将模板的漏洞、缝隙堵塞严密，并用水冲洗模板
和将板缝充分浇水湿润。

　　（2）板缝细石混凝土应按设计要求的强度等级进行试配选用。竖缝混凝土的
坍落度为 8～12cm；水平缝混凝土的坍落度为 2～4cm。

　　（3）每条板缝混凝土（图 6-15）应连续浇筑，不得有施工缝。为使混凝土捣
同密实，可在浇筑前在板缝内插放一根小 $\phi 30$ 左右的竹竿，随浇筑、随振捣、随

提拔，并设专人敲击模板助捣。

经验指导：上下层墙板接缝处的销键与楼板接缝处的销键所构成的空间立体十字抗剪键块，必须一次浇筑完成。

图6-15 板缝连续浇筑

（4）浇筑板缝混凝土时，不允许污染墙面，特别是外墙板的外饰面。发现漏浆要及时用清水冲净。混凝土浇筑完毕后，应由专人立即将楼层的积灰清理干净，以免粘结在楼地面上。板缝内插入的保温和防水材料，浇筑混凝土时不得使之移位或破坏。

（5）每一楼层的竖缝、水平缝混凝土施工时，应分别各做3组试块。其中，一组检测标准养护28d的抗压极限强度；一组检测标准养护60d的抗压极限强度；一组检测与施工现场同条件养护28d的抗压极限强度。评定混凝土强度质量标准以28d标准养护的抗压极限强度为准，其他两组供参考核对用。

（6）常温施工时，板缝混凝土浇筑后应进行浇水养护。

3. 板缝保温和防水处理施工总结

（1）板缝的防水构造（竖缝防水槽、水平缝防水台阶）必须完整，形状尺寸必须符合设计要求。如有损坏，应在墙板吊装前用108胶水泥砂浆修补完好。

（2）板缝采取保温隔热处理时，事先将泡沫聚苯乙烯按照设计要求进行裁制。裁制长度比层高长50mm，然后用热沥青将泡沫聚苯乙烯粘贴在油毡条上（油毡条裁制宽度比泡沫聚苯乙烯略宽一些，长度比楼层高度长100mm），以备使用。

（3）外墙板的立槽和空腔侧壁必须平整光洁，缺棱掉角处应予以修补。立槽和空腔侧壁表面在墙板安装前，应涂刷稀释防水胶油（胶油:汽油=7:3）等憎水材料一道。

## 第四节 隔墙板安装施工

隔墙板可作为各类建筑的非承重隔墙，如框架结构等，在装配式大板建筑中也采用。目前常用的轻质板材有加气混凝土条板和石膏板隔墙两种。

### 一、加气混凝土隔墙板安装

1. 工艺流程

工艺流程：测量放线→墙板安装→墙板固定→塞灰→墙面粉刷。

2. 施工操作要点

（1）运输和堆放：由于加气混凝土隔墙板（图6-16）的厚度较薄（一般为90～100mm，最小为75mm），一般均成捆包装运输，严禁用铁丝捆扎和用钢丝绳兜吊。现场堆放应侧立，不得平放。一般做法是20块板侧立于载重汽车内，板下垫10号槽钢（带吊钩），上角垫角钢并用柔软的尼龙绳绑扎牢固。

运往现场后，由吊装机械卸下存放，墙板安装时运往楼层，逐层堆放。

（2）按设计要求，先在楼板底部、楼面和楼地面上弹好墙板位置线。

（3）架立靠放墙板的临时木方。临时木方应有上方和下方，中间用立柱支撑，上方可直接压线顶在上部结构底面，下方可离地面约100mm，中间每隔1.5m左右立支撑木方，下方与支撑木方之间用木楔楔紧，然后即可安装隔墙板（图6-17）。

图 6-16　加气混凝土隔墙板

图 6-17　隔墙板临时堆放

（4）目前较为普遍的做法是板的上端抹粘结砂浆，与梁或楼板的底部粘结，下部用木楔顶紧，最后在下部木楔空间填入细石混凝土，其安装步骤如下：

1）先将板侧和板顶清扫干净，涂抹一层胶粘剂，厚约3mm，然后将板立于预定位置，用撬棍将板撬起，使板顶与楼板底面粘紧，板的一侧与墙面或另一块已安好的板粘紧，并在板下用木楔楔紧，撤出撬棍，板即固定。

2）隔墙板固定后，在板下堵塞1:2水泥砂浆，待砂浆凝固后，撤出木楔，再用1:2水泥砂浆（或细石混凝土）堵严木楔孔。

（5）有门窗洞口的隔墙板（一般用后塞口），在安装隔墙板时，留出洞口的位置，每边比槛框多留出5mm。

当门口两侧隔墙板安装固定后，将门框两侧涂抹胶粘剂，立口后用铁钉钉牢，也可用塑料胀管及木螺钉固定。

3. 常用数据

加气混凝土隔墙板安装的常用数据见表 6–3。

表 6–3 　　　　　　　　　　加气混凝土隔墙安装允许偏差

| 项　次 | 项　目 | 允许偏差/mm | 备　注 |
|---|---|---|---|
| 1 | 墙面垂直 | 4 | 用 2m 靠尺检查 |
| 2 | 表面平整 | 4 | |
| 3 | 门、窗框余量（10mm） | ±5 | — |

## 二、石膏空心条板隔墙安装施工

### 1. 板材的选择

石膏空心条板隔墙，是指以石膏空心条板单板做的一般隔墙或以双层空心条板中设空气层或设矿棉等组成的防火、隔声墙。

图 6–18　石膏空心条板

（1）石膏空心条板。石膏空心条板（图 6–18）是以天然石膏或化学石膏为主要原料，也可掺加适量粉煤灰和水泥，加入少量增强纤维（也可加适量膨胀珍珠岩），经料浆拌合、浇筑成型、抽芯、干燥等工艺制成的轻质板材，具有重量轻、强度高、隔热、隔声、防火等性能，可锯、刨、钻加工，施工简便。

石膏空心条板按原材料分，有石膏珍珠岩空心条板、石膏粉煤灰硅酸盐空心条板、磷石膏空心条板和石膏空心条板；按性能分，有普通石膏空心条板和防潮空心条板。

（2）粘结材料。石膏空心条板安装拼装的粘结材料，主要为 108 胶水水泥砂浆，其配合比为 108 胶水:水泥:砂=1:1:3 或 1:2:4。

（3）石膏腻子。用于板缝处理材料，也可采用石膏:珍珠岩=1:1 配制而成。

### 2. 运输和堆放

（1）石膏空心条板的场内外运输，宜垂直码放装车，板下距板两端 500～700mm 处应加垫木方，雨季运输应盖苫布。

（2）石膏空心条板的堆放，应选择地势较高且平坦的场地，板下用方木架起垫平，侧立堆放，上盖苫布。

3. 安装操作要点

（1）墙板安装时（图6-19），应按墙位线先从门口通天框旁开始进行。通天框应在墙板安装前先立好固定。

（2）墙板安装，最好使用定位木架。安装前在板的顶面和侧面刷涂108胶水泥砂浆，先推紧侧面，再顶牢顶面，具体方法可参见加气混凝土隔墙施工。

图6-19　墙板安装

（3）在顶面顶牢后，立即在板下两侧各1/3处楔紧两组木楔，并用靠尺检查。随后在板下填塞干硬性混凝土。

（4）板缝挤出的粘结材料应及时刮净。板缝的处理，可在接缝处先刷水湿润，然后用石膏腻子抹平整。

（5）踢脚线施工前，先用稀释的108胶刷一层，再用108胶水泥浆刷至踢脚线部位，待初凝后用水泥砂浆抹实抹光。

## 第五节　常见问题及解决方法

1. 构件运输（吊装）车辆安全问题

解决方法：

（1）车辆进入现场后，必须停在平坦场地，车辆熄火后，必须及时进行前后轮固定，以防止溜车。

（2）注意构件吊装顺序，防止由于构件吊装顺序不当而倒车车辆倾覆。

2. 吊具系统、绳索问题

解决方法：

（1）每天早上必须检查吊具系统、钢丝绳的磨损、断丝情况。

（2）自制的吊具系统必须经过加载试验或对预制构件进行试吊装，试吊装的重量不能低于构件重量的2倍。

3. 墙板构件安装误差过大、水平构件支撑标高不统一

解决方法：

（1） 调整支撑系统的标高，但是误差最大不超过10mm。

（2）在下一层水平拼缝20mm处进行调解处理，水平拼缝一般不大于15mm，不应小于10mm，此时应保证水平灌浆部位的灌浆质量。

4. 灌浆孔在灌浆过程中不出浆

解决方法：

（1）加强事前检查，对每一个套筒进行通透性检查，避免此类事件发生。

（2）对于前几个套筒不出浆，应立即停止灌浆，墙板重新起吊到存放场地，立即进行冲洗处理，检查原因并返厂修理。

（3）对于最后 1～2 个套筒不出浆，可持续灌浆，灌浆完成后对局部 1～2 根钢筋位置进行钢筋焊接或其他方式处理。

5. 预制构件破损变形

解决方法：

（1）在预制构件制作前，依据构件种类，如预制剪力墙、预制梁、预制叠合板，要求预制构件工厂按照相应种类构件提前备份。由于预制叠合板数量多、易破碎变形，这里以预制叠合板为例，每层进场的配筋、尺寸完全相同预制叠合板构件数量超过 10 块的，必须提供 1 块备份，以免发生破损变形无法安装而影响施工。

（2）预制剪力墙、预制梁构件的备份数量依据具体项目而定。

6. 预制剪力墙吊装完毕，套筒钢筋误差过大

解决方法：

（1）当预制剪力墙吊装完毕，发现竖向套筒连接钢筋过长（大于 5mm），无法安装下层预制剪力墙，可以使用无齿锯进行切割。

（2）当预制剪力墙吊装完毕，发现竖向套筒连接钢筋过短（小于 5mm），无法满足规范要求，可以进行焊接或植筋，具体方案视情况而定；

（3）个别钢筋偏位过大，无法插入套筒，可采用深钻孔对钢筋纠偏，当偏位无法纠偏时，对局部钢筋采用切割，重新校正位置进行植筋。

# 第七章 装配式建筑防腐、防火及防水施工

## 第一节 结 构 防 腐

### 一、结构防腐涂料的选用

1. **防腐涂料的组成**

防腐涂料一般由不挥发组分和挥发组分（稀释剂）两部分组成。

防腐涂料刷在钢材表面后，挥发组分逐渐挥发逸出，留下不挥发组分干结成膜。不挥发组分的成膜物质分为主要、次要和辅助成膜物质三种。主要成膜物质可以单独成膜，也可以粘结颜料等物质共同成膜，它是涂料的基础，也常称基料、添料或漆基，它包括油料和树脂。次要成膜物质包含颜料和体质颜料。涂料组成中没有颜料和体质颜料的透明体称为清漆，具有颜料和体质颜料的不透明体称为色漆，加有大量体质颜料的稠原浆状体称为腻子。

2. **防腐涂料的种类及性能**

钢结构防腐涂料的种类很多，其性能也各有不同，实际施工过程中应参考表 7-1 中的内容进行选用。

表 7-1                        **常 用 防 腐 涂 料 性 能**

| 名称 | 优 点 | 缺 点 |
|---|---|---|
| 油脂类 | 耐大气性较好；适用于室内外作打底罩面用；价廉；涂刷性能好，渗透性好 | 干燥较慢、膜软；力学性能差；水膨胀性大；不能打磨抛光；不耐碱 |
| 天然树脂类 | 干燥比油脂漆快；短油度的漆膜坚硬好打磨；长油度的漆膜柔韧，耐大气性好 | 力学性能差；短油度的耐大气性差；长油度的漆不能打磨、抛光 |
| 沥青漆 | 耐潮、耐水性好；价廉；耐化学腐蚀性较好；有一定的绝缘强度；黑度好 | 色黑；不能制白色及浅色漆；对日光不稳定；有渗色性；自干漆；干燥不爽滑 |
| 氨基漆 | 漆膜坚硬，可打磨抛光；光泽亮，丰满度好；色浅，不易泛黄；附着力较好；有一定耐热性；耐候性好；耐水性好 | 需高温下烘烤才能固化；经烘烤过渡，漆膜发脆 |
| 乙烯漆 | 有一定柔韧性；色泽浅淡；耐化学腐蚀性较好；耐水性好 | 耐溶剂性差；固体分低；高温易碳化；清漆不耐紫外光线 |
| 丙烯酸漆 | 漆膜色线，保色性良好；耐候性优良；有一定耐化学腐蚀性；耐热性较好 | 耐溶剂性差；固体分低 |

续表

| 名称 | 优 点 | 缺 点 |
|---|---|---|
| 聚酯漆 | 固体分高；耐一定的温度；耐磨，能抛光；有较好的绝缘性 | 干性不易掌握；施工方法较复杂；对金属附着力差 |
| 环氧漆 | 附着力强；耐碱、耐熔剂；有较好的绝缘性能；漆膜坚韧 | 室外曝晒易粉化；保光性差；色泽较深；漆膜外观较差 |
| 聚氨酯漆 | 耐磨性强，附着力好；耐潮、耐水、耐溶剂性好；耐化学和石油腐蚀；具有良好的绝缘性 | 漆膜易转化、泛黄；对酸、碱、盐、醇、水等物很敏感，因此施工要求高；有一定毒性 |

## 二、涂装方法的选择

施工过程中要根据现场的施工条件及施工方案等内容，合理地选择涂装的施工方法。合理地选择施工方法对涂装质量、进度、节约材料和降低成本有着很大的作用，常用涂装方法如下：

### 1. 滚涂法

滚涂法（图 7-1）是用羊毛或合成纤维做成多孔吸附材料，贴附在空心的圆筒制成的滚子上，进行涂料施工的一种方法，称为滚涂法。主要用于水性漆、油性漆、酚醛漆和醇酸漆类的涂装。该法的优势是施工用具简单，操作方便，施工效率比刷涂法高 1～2 倍。

滚涂法防腐施工操作要点如下：

图 7-1 滚涂法防腐

（1）涂料应倒入装有滚涂板的容器内，将滚子的一半浸入涂料，然后提起在滚涂板上来回滚涂几次，使棍子全部均匀浸透涂料，并把多余的涂料滚压掉。

（2）把滚子按 W 形轻轻滚动，将涂料大致地涂布于被涂物上，然后滚子上下密集滚动，将涂料均匀地分布开，最后使滚子按一定的方向滚平表面并修饰。

（3）滚动时，初始用力要轻，以防流淌，随后逐渐用力，使涂层均匀。

（4）滚子用后，应尽量挤压掉残存的油漆涂料，或使用涂料的稀释剂清洗干净，晾干后保存好，以备后用。

2. 刷涂法

刷涂法（图 7-2）是用漆刷进行涂装施工的一种方法。

经验指导：① 刷涂法施工的涂料宜选用干性较慢、塑性小的涂料。
② 滚涂法施工的被涂物：一般构件及建筑物，或各种设备管道。
③ 滚涂法施工的工具：毛刷。

图 7-2 刷涂法防腐

刷涂法防腐施工操作要点如下：

（1）使用漆刷时，通常采用直握法，用手将漆刷握紧，以腕力进行操作。

（2）涂漆时，漆刷应蘸少许的涂料，浸入漆的部分应为毛长的 1/3～1/2。蘸漆后，要将漆刷在漆桶内的边上轻抹一下，除去多余的漆料，以防流淌或滴落。

（3）对干燥较慢的涂料，应按涂敷、抹平和修饰三道工序进行操作。

1）涂敷：就是将涂料大致地涂布在被涂物的表面上，使涂料分开。

2）抹平：就是用漆刷将涂料纵、横反复地抹平至均匀。

3）修饰：就是用漆刷按一定方向轻轻地涂刷，消除刷痕及堆积现象。在进行涂敷和抹平时，应尽量使漆刷垂直，用漆刷的腹部刷涂。在进行修饰时，则应将漆刷放平些，用漆刷的前端轻轻地涂刷。

（4）刷涂的顺序：一般应按自上而下、从左到右、先里后外、先斜后直、先难后易的原则，最后用漆刷轻轻地涂抹边缘和棱角，使漆膜致密、均匀、光亮和平滑。

（5）刷涂的走向：刷涂垂直表面时，最后一道应由上向下进行；刷涂水平表面时，最后一道应按光线照射的方向进行；刷涂木材表面时，最后一道应顺着木材的纹路进行。

3. 空气喷涂法

空气喷涂法（图 7-3）是利用压缩空气的气流将涂料带入喷枪，经喷嘴吹散成雾状，并喷涂到被涂物表面上的一种涂装方法。

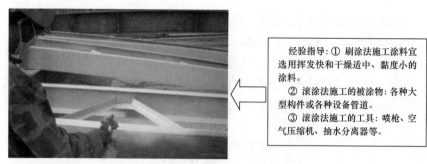

经验指导：① 刷涂法施工涂料宜选用挥发快和干燥适中、黏度小的涂料。
② 滚涂法施工的被涂物：各种大型构件或各种设备管道。
③ 滚涂法施工的工具：喷枪、空气压缩机、抽水分离器等。

图 7-3　空气喷涂法防腐

空气喷涂法防腐施工操作要点如下：

（1）进行喷涂时，必须将空气压力、喷出量和喷雾幅度等参数调整到适当程度，以保证喷涂质量。

（2）喷涂距离控制。喷涂距离过远，油漆易落散，造成漆膜过薄而无光；喷涂距离过近，漆膜易产生流淌和橘皮现象。喷涂距离应根据喷涂压力和喷嘴大小来确定，一般使用大口径喷枪的喷涂距离为 200～300mm，使用小口径喷枪的喷涂距离为 150～250mm。

（3）喷涂时，喷枪的运行速度应控制在 30～600cm/s 范围内，并应运行稳定。喷枪应垂直于被涂物表面。如喷枪角度倾斜，漆膜易产生条纹和斑痕。

（4）喷涂时，喷幅搭接的宽度一般为有效喷雾幅度的 1/4～1/3，并保持一致。

（5）喷枪使用完后，应立即用溶剂清洗干净。枪体、喷嘴和空气帽应用毛刷清洗。气孔和喷漆孔遇有堵塞，应用木钎疏通，不准用金属丝或铁钉疏通，以防损伤喷嘴孔。

4. 浸涂法

浸涂法（图 7-4）也就是将被涂物放入漆槽中浸渍，经一定时间取出后吊起，让多余的涂料尽量滴净，并自然晾干或烘干。它适用于形状复杂的、骨架状的被涂物。其优点是可使被涂物的里外同时得到涂装。

经验指导：① 刷涂法施工涂料宜选用干性适当、流平性好、干燥速度适中、塑性小的涂料。
② 滚涂法施工的被涂物：小型构件设备和机械部件。
③ 滚涂法施工的工具：浸漆槽离心及真空设备。

图 7-4　浸涂后的构件安装

浸涂法防腐施工操作要点如下：

（1）浸涂法主要适用于烘烤型涂料的涂装，以及自干型涂料的涂装，通常不适用于挥发型快干的涂料。采用此法时，涂料应具备下述性能：在低黏度时，颜料应不沉淀；在浸涂槽中和物件吊起后的干燥过程中不结皮；在槽中长期贮存和使用过程中，应不变质、性能稳定、不产生胶化。

（2）浸涂槽敞口面应尽可能小些，以减少稀料挥发和加盖方便。

（3）在浸涂厂房内应装置排风设备，及时地将挥发的溶剂排放出去，以保证人身健康和避免火灾。

（4）鉴于涂料的黏度对浸涂漆膜质量有影响，在施工过程中，应保持涂料黏度的稳定性，每班应测定 1～2 次黏度，如果黏度增大，应及时加入稀释剂调黏度。

（5）为防止溶剂在厂房内扩散和灰尘落入槽内，应把浸涂装备间隔起来。在不使用时，小的浸涂槽应加盖，大的浸槽需将涂料排放干净，同时用溶剂清洗。

（6）对被涂物的装挂，应预先通过试浸来设计挂具及装挂方式，确保工件在浸涂时在最佳位置，使被涂物的最大面接近垂直，其他平面与水平呈 10°～40°，使余漆能在被涂物面上能较流畅地流尽，以防产生堆漆或气泡现象。

### 三、涂层结构形式及涂层厚度的组成

#### 1. 涂层结构形式

钢结构涂层的结构形式一般有底漆—中间漆—面漆、底漆—面漆、底漆和面漆为一种漆等形式，具体内容见表 7-2。

表 7-2　　　　　　　　　　　涂层基本结构形式及特点

| 名　称 | 特　点 |
|---|---|
| 底漆—中间漆—面漆 | 底漆附着力强、防锈性能好；中间漆兼有底漆和面漆的性能，是理想的过渡漆，特别是厚浆型的中间漆，可增加涂层厚度；面漆防腐、耐候性好。底、中、面结构形式，既发挥了各层的作用，又增强了综合作用。这种形式为目前国内、外采用较多的涂层结构形式 |
| 底漆—面漆 | 只发挥了底漆和面漆的作用，明显不如上一种形式。这是我国以前常采用的形式 |
| 底漆和面漆为一种漆 | 有机硅漆多用于高温环境，因没有有机硅底漆，只好把面漆也作为底漆用 |

#### 2. 涂层厚度的组成

钢材涂层的厚度，一般由基本涂层厚度、防护涂层厚度和附加涂层厚度三部分组成，其具体内容见表 7-3。

表7-3                          涂 层 厚 度 的 组 成

| 名　　称 | 主　要　内　容 |
|---|---|
| 基本涂层厚度 | 基本涂层厚度是指涂料在钢材表面上形成均匀、致密、连续漆膜所需的最薄厚度 |
| 防护涂层厚度 | 防护涂层厚度是指涂层在使用环境中，在围护周期内受到腐蚀、粉化、磨损等所需的厚度 |
| 附加涂层厚度 | 附加涂层厚度是指因以后涂装维修困难和留有安全系数所需的厚度 |

## 四、结构防腐涂装施工

施工流程：涂料预处理→刷防锈漆→局部刮腻子→涂刷操作→喷涂操作→二次涂装。

### 1. 涂料预处理

根据施工方案或施工组织设计选定涂料后，在施涂前一般都要对涂料进行处理，其具体操作步骤及内容见表7-4。

表7-4                      涂料预处理步骤及内容

| 步　　骤 | 内　　容 |
|---|---|
| 开桶 | 开桶前应将桶外的灰尘、杂物清理干净，以免其混入油漆桶内。同时对涂料的名称、型号和颜色进行检查，是否与设计规定或选用要求相符合，检查制造日期是否超过贮存期，凡不符合上述要求的应另行研究处理。若发现有结皮现象，应将漆皮全部取出，以免影响涂装质量 |
| 搅拌 | 桶内的油漆和沉淀物全部搅拌均匀后才可使用 |
| 配比 | 双组分的涂料使用前必须严格按照说明书所规定的比例来混合。双组分涂料只要按配比混合后就必须在规定的时间内用完，超过时间的不得使用 |
| 熟化 | 两组分涂料混合搅拌均匀后，需要过一定熟化时间才能使用，为保证漆膜的性能，对此要特别注意 |
| 稀释 | 有的涂料因施工方法、贮存条件、作业环境、气温的高低等不同情况的影响，在使用时有时需用稀释剂来调整黏度 |
| 过滤 | 过滤是将涂料中可能产生的或混入的固体颗粒、漆皮或其他杂物滤掉，以免这些杂物堵塞喷嘴及影响漆膜的性能及外观。一般可以使用 80～120 目的金属网或尼龙丝筛进行过滤，以保证喷漆的质量 |

### 2. 刷防锈漆

涂刷底漆（图7-5）一般应在金属结构表面清理完毕后就施工，否则，金属表面又会再次因氧化生锈。

可按设计要求的，防锈漆在金属结构上满刷一遍。如原来已刷过防锈漆，应检查其有无损坏及有无锈斑。凡有损坏及锈斑处，应将原防锈漆层铲除，用钢丝刷和砂布彻底打磨干净后，再补刷一遍防锈漆。

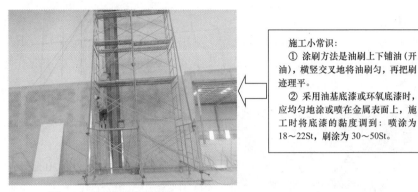

施工小常识：
① 涂刷方法是油刷上下铺油（开油），横竖交叉地将油刷匀，再把刷迹理平。
② 采用油基底漆或环氧底漆时，应均匀地涂或喷在金属表面上，施工时将底漆的黏度调到：喷涂为18～22St，刷涂为30～50St。

图 7-5　构件涂刷底漆施工

底漆一般均为自然干燥，使用环氧底漆时也可进行烘烤，质量比自然干燥要好。

3. 局部刮腻子

待防锈漆干透后，将金属面的砂眼、缺棱、凹坑等处用石膏腻子刮抹平整（图 7-6）。石膏配合比如下：石膏粉:熟桐油:油性腻子:底漆:水=20:5:10:7:45。

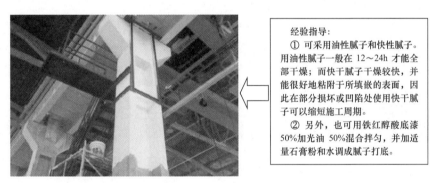

经验指导：
① 可采用油性腻子和快性腻子。用油性腻子一般在 12～24h 才能全部干燥；而快干腻子干燥较快，并能很好地粘附于所填嵌的表面，因此在部分损坏或凹陷处使用快干腻子可以缩短施工周期。
② 另外，也可用铁红醇酸底漆50%加光油 50%混合拌匀，并加适量石膏粉和水调成腻子打底。

图 7-6　钢构件局部刮腻子

一般第一道腻子较厚，因此在拌合时应酌量减少油分，增加石膏粉用量，可一次刮成，不用考虑光滑与否。第二道腻子需要平滑光洁，因而在拌合时可增加油分，腻子调得薄些。

刮涂腻子时，可先用橡胶刮或钢刮刀将局部凹陷处填平。待腻子干燥后应加以砂磨，并抹除表面灰尘，然后再涂刷一层底漆，接着再上一层腻子。刮腻子的层数应根据金属结构的不同情况而定。金属结构表面一般可刮 2～3 道。

每刮完一道腻子待干后要进行砂磨，头道腻子比较粗糙，可用粗铁砂布垫木块砂磨；第二道腻子可用细铁砂或 240 号水砂纸砂磨；最后两道腻子可用 400 号水砂纸仔细地打磨光滑。

**4. 涂刷操作**

涂刷必须按设计和规定的层数进行。涂刷层数的主要目的是保护金属结构的表面经久耐用，所以必须保证涂刷层次及厚度，这样才能消除涂层中的孔隙，以抵抗外来的侵蚀，达到防腐和保养的目的。

图 7-7　喷涂施工

**5. 喷涂操作**

喷漆施工时（图 7-7），应先喷头道底漆，黏度控制在 20~30St、气压为 0.4~0.5MPa，喷枪距物面 20~30cm，喷嘴直径以 0.25~0.3cm 为宜。先喷次要面，后喷主要面。

喷漆施工时，应注意以下事项：

（1）在喷大型工件时可采用电动喷漆枪或静电喷漆。

（2）在喷漆施工时应注意通风、防潮、防火。工作环境及喷漆工具应保持清洁，气泵压力应控制在 0.6MPa 以内，并应检查安全阀是否好用。

（3）使用氨基醇酸烘漆时要进行烘烤，物件在工作室内喷好后应先放在室温中流平 15~30min，然后再放入烘箱。先用低温 60℃烘烤半小时后，再按烘漆预定的烘烤温度（一般在 120℃左右）进行恒温烘烤 1.5h，最后降温至工件干燥出箱。

凡用于喷漆的一切油漆，使用时必须掺加相应的稀释剂或相应的稀料，掺量以能顺利喷出成雾状为宜（一般为漆重的 1 倍左右），并通过 0.125mm 孔径筛清除杂质。

干后用快干腻子将缺陷及细眼找补填平；腻子干透后，用水砂纸将刮过腻子的部分和涂层全部打磨一遍。擦净灰迹待干后再喷面漆，黏度控制在 18~22St。

**6. 二次涂装**

由于作业分工在两地或分两次进行施工的涂装称为二次涂装。但前道漆涂完后，超过 1 个月以上再涂下一道漆，也应算作二次涂装，其主要内容如下：

（1）表面处理。对于海运产生的盐分，陆运或存放过程中产生的灰尘都要清理干净，方可涂下道漆。如果涂漆间隔时间过长，前道漆膜可能因老化而粉化（特别是环氧树脂漆类），要求进行"打毛"处理，使表面干净并且增加粗糙度，从而达到提高附着力的目的。

（2）修补。修补所用的涂料品种、涂层层次与厚度、涂层颜色应与原设计要求一致。表面处理可采用手工机械除锈方法，但要防止油脂及灰尘的污染。为保证搭接处的平整和附着牢固，应在修补部位与不修补部位的边缘处，增设过渡段。

对补涂部位的要求也应与上述相同。

7. 结构防腐涂装施工的注意事项

（1）构件油漆补涂的注意事项如下：

1）表面涂有工厂底漆的构件，因焊接、火焰校正、曝晒和擦伤等造成重新锈蚀或附有白锌盐时，应经表面处理后再按原涂装规定进行补漆。

2）运输、安装过程的涂层碰损、焊接烧伤等，应根据原涂装规定进行补涂。

（2）金属热喷涂施工的注意事项如下：

1）采用的压缩空气应干燥、洁净。

2）喷枪与表面宜成直角，喷枪的移动速度应均匀，各喷涂层之间的喷枪方向应相互垂直、交叉覆盖。

3）一次喷涂厚度宜为 25～80μm，同一层内各喷涂带间应有 1/3 的重叠宽度。

# 第二节　结　构　防　火

## 一、结构防火涂料的选择

防火涂料是用于可燃性基材表面，能降低被涂材料表面的可燃性、阻滞火灾的迅速蔓延，用以提高被涂材料耐火极限的一种特种涂料，所以应合理地选择结构适合的防火涂料，从而提高结构的耐火极限。

1. 防火涂料的选用原则

当建筑结构为钢结构时，防火涂料分为薄涂型和厚涂型两类，其选用原则的具体内容如下：

（1）对室内隐蔽钢结构、高层钢结构及多层钢结构厂房，当规定其耐火极限在 1.5h 以上时，应选用厚涂型钢结构防火涂料。

对室内裸露钢结构、轻型屋盖钢结构及有装饰要求的钢结构，当规定其耐火极限在 1.5h 以下时，应选用薄涂型钢结构防火材料。

（2）当防火涂料分为底层和面层涂料时，两层涂料应相互匹配。且底层不应腐蚀钢结构，不应与防锈底漆产生化学反应，面层若为装饰性涂料，选用涂料应通过试验验证。

防火涂料的试验包括粘结强度试验和抗压强度试验等内容。

2. 防火涂料的适用条件

（1）涂层干后不得有刺激性气味。燃烧时一般不产生浓烟和不利于人体健康的气体。

（2）用于制造防火涂料的原料应预先检验。严禁使用石棉材料和苯类溶剂等做原材料。

（3）防火涂料应呈碱性或偏碱性。复层涂料应相互配套。底层涂料应能同普通的防锈漆配合使用。

## 二、防火涂层厚度的确定及测定

1. 防火涂层厚度的确定

若建筑主体结构为钢结构，确定钢结构防火涂层的厚度时，施加给钢结构的涂层质量应计算在结构荷载内，但不得超过允许范围。对于裸露及露天钢结构的防火涂层应规定出外观平整度和颜色装饰要求。

钢结构防火涂料涂层厚度要求可按下述进行确定：

（1）按照有关规范对钢结构不同构件耐火极限的要求，根据标准耐火试验数据选定相应的涂层厚度。

（2）根据标准耐火试验数据，计算确定涂层的厚度。

2. 防火涂层厚度的测定

（1）测针与测试图。测针（厚度测量仪，如图7-8所示）由针杆和可滑动的圆盘组成。圆盘始终保持与针杆垂直，并在其上装有固定装置，圆盘直径不大于30mm，以保持完全接触被测试件的表面。当厚度测量仪不易插入被插试件中，也可使用其他适宜的方法测试。

（2）测试时，将测厚探针垂直插入防火涂层直至钢材表面上，记录标尺读数，如图7-9所示。

图7-8　厚度测量仪

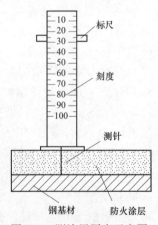

图7-9　测涂层厚度示意图

（3）选定测点。测点的选择必须按照下列要求进行：

1）楼板和防火墙的防火涂层厚度测定，可选相邻两纵、横轴线相交中的面积为1个单元，在其对角线上，按每米长度选一点进行测试。

2）钢框架结构的梁和柱的防火涂层厚度测定，在构件长度内每隔3m取一截面按图 7-10 所示位置测试。

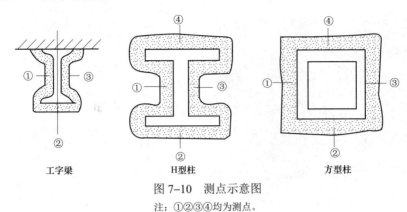

图 7-10　测点示意图

注：①②③④均为测点。

3）桁架结构：上弦和下弦规定每隔 3m 取一截面检测，其他腹杆每一根取一截面检测。

（4）测量结果。对于楼板和墙面，在所选择面积中，至少测出 5 个点；对于梁和柱在所选择的位置中，分别测出 6 个和 8 个点，分别计算出它们的平均值，精确到 0.5mm。

### 三、防火涂装施工

1. 薄涂型防火涂料施工

（1）底层喷涂施工。

1）喷涂底层（包括主涂层，以下相同）涂料，应采用重力（或喷斗）式喷枪（图 7-11），配能够自动调压的 0.6~0.9m³/min 的空压机。

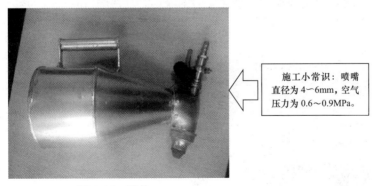

施工小常识：喷嘴直径为 4~6mm，空气压力为 0.6~0.9MPa。

图 7-11　喷枪

2）底涂层（图 7-12）一般应喷 2~3 遍，每遍 4~24h，待前遍基本干燥后再喷后一遍。第一遍喷涂以盖住基底面 70%即可，第二、三遍喷涂每遍厚度应不超过 2.5mm。每喷 11mm 厚的涂层，耗湿涂料的 1.2～1.5kg/m²。

经验指导：① 喷涂时手握喷枪要稳，喷嘴与钢基材面垂直或成 70°角，喷口到喷面距离为 40～60mm。要求回旋转喷涂，厚薄均匀，搭接处颜色一致，要防止漏喷、流淌。确保涂层完全闭合，轮廓清晰。
② 喷涂过程中，操作人员要携带测厚针测涂层厚度，确保各部位涂层达到设计规定的厚度要求。
③ 喷涂形成的涂层是粒状表面，当设计要求涂层表面平整光滑时，待喷最后一遍应采用抹灰刀或其他适当的工具进行抹平处理，使外表面均匀平整。

图 7-12　喷涂底层防火涂料

3）底涂层施工的注意事项如下：

① 喷涂时应保证涂层完全闭合，轮廓清晰。

② 操作者要携带测厚针检测涂层厚度，并保证喷涂达到设计规定的厚度。

③ 当钢基材表面除锈和防锈处理符合要求，尘土等杂物清除干净后方可施工。

④ 底层一般喷 2～3 遍，每遍喷涂厚度不应超过 2.5mm，必须在前一遍干燥后，再喷涂后一遍。

⑤ 当设计要求涂层表面要平整光滑时，应对最后一遍的涂层做抹平处理，确保外表面均匀平整。

（2）面涂层施工。

1）面层装饰涂料可以刷涂、喷涂（图 7-13）或滚涂，一般情况下，采用喷涂施工。喷底层涂料的喷枪在喷面层装饰涂料时，将喷嘴直径换为 1～2mm，空气压力调为 0.4MPa 左右即可。

经验指导：面层涂料一般涂饰 1～2 遍，第一遍喷涂顺序是从左至右喷，第二遍则应从右至左，从而确保全部覆盖住底涂层。面涂用料为 0.5～1.0kg/m²。

图 7-13　面层喷涂

2）对于露天钢结构的防火保护，喷好防火的底涂层后，也可选用适合建筑外墙用的面层涂料作为防水装饰层，用量为 $1.0kg/m^2$ 即可。面层施工应确保各部分颜色均匀一致，搭接处应均匀平整。

3）面层喷涂的注意事项如下：

①　面层应在底层涂装基本干燥后开始涂装；面层涂装应颜色均匀、一致，接槎平整。

②　当底层厚度符合设计规定，并基本干燥后，方可施工面层。面层一般涂饰 1～2 次，并应全部覆盖底层。涂料用量为 $0.5～1.0kg/m^2$。

**2. 厚涂型防火涂料施工**

（1）施工机具的选择。一般是采用喷涂施工，机具可为压送式喷涂机（图 7-14）或挤压泵，配能自动调压的 $0.6～0.9m^3/min$ 空压机，喷枪口径为 6～12mm。局部修补可采用抹灰刀（图 7-15）等工具手工抹涂。

图 7-14　喷涂机

图 7-15　抹灰刀

（2）涂料的拌制与配置。

1）由工厂制造好的单组分湿涂料，现场应采用便携式搅拌机（图 7-16）搅拌均匀。

2）搅拌和调配涂料，使稠度适应，能在输送管道中畅通流动，喷涂后不会流淌和下坠。

3）由工厂提供的干粉料，现场加水或其他稀释剂调配，应按涂料说明书规定配比并混合搅拌，即配即用。

4）即配即用。特别是化学固化干燥的涂料，配制的涂料必须在规定的时间内用完。

图 7-16　便携式搅拌机

（3）施工操作要点。

1）喷涂保护方式、喷涂次数与涂层（图 7-17）厚度应根据防火设计要求确定。耐火极限 1～3h，涂层厚度 10～40mm，一般需喷 2～5 次。施工过程中，操作者应采用测厚针检测涂层厚度，直到符合设计规定的厚度，方可停止喷涂。

经验指导：喷涂应分若干次完成，第一次喷涂以基本盖住钢材基面即可，以后每次喷涂厚度为 5～10mm，一般为 7mm 左右为宜。必须在前一次喷层基本干燥或固化后再接着喷，通常情况下，每天喷一遍即可。

图 7-17　厚涂型防火涂料喷涂

2）喷涂时，持枪手紧握喷枪，注意移动速度，不能在同一位置久留，造成涂料堆积流淌；输送涂料的管道长而笨重，应配一名助手帮助移动和托起管道；配料及往挤压泵加料均要连续进行，不得停顿。

3）喷涂后的涂层要适当维修，对明显的乳突，应要用抹灰刀等工具去掉，以确保涂层表面均匀。

（4）厚涂型防火涂料喷涂的注意事项如下：

1）配料时应严格按配合比加料或加稀释剂，并使稠度适应，即配即用。

2）喷涂施工应分遍完成，每遍喷涂厚度应为 5～10mm，必须在前一遍基本干燥或固化后，再喷涂后一遍。喷涂保护方式、喷涂遍数与涂层厚度应根据施工设计要求确定。

3）在施工过程中，操作者应采用测厚针检测涂层厚度，直到符合设计规定的厚度后，才可停止喷涂。

4）当防火涂层出现下列情况之一时，应重新喷涂或补涂。

① 涂层干燥固化不良，粘结不牢或粉化、脱落。

② 钢结构的接头和转角处的涂层有明显凹陷。

③ 涂层厚度虽大于设计规定厚度，且连续面积的长度超过 1m。

5）厚涂型防火涂料，在下列情况之一时，宜在涂层内设置与钢构件相连的钢丝网或其他相应的措施。

① 承受冲击、振动荷载的钢梁。

② 涂层厚度大于或等于 40mm 的钢梁和桁架。

③ 涂料粘结强度小于或等于 0.5MPa 的钢构件。

④ 钢板墙和腹板高度超过 1.5m 的钢梁。

## 第三节　基础防水施工操作

装配式工程在地上部分采用装配式构件进行安装，地下结构部分多数采用的是钢筋混凝土结构的基础，所以在基础防水施工中的具体操作方法可参考钢筋混凝土结构基础防水的方法。

## 一、水泥砂浆防水层施工

施工流程：作业条件→基层处理→刷素水泥浆→抹底层砂浆→抹面层砂浆→水泥砂浆防护层的养护。

1. 作业条件

水泥砂浆防水层施工如图 7-18 所示。

> 施工小常识：防水砂浆中材料的要求：水泥、砂石应有出厂合格证和复检报告；108 胶的含固量为 10%～12%，pH 值为 7～8，密度为 1.05t/m³。水泥砂浆防水层宜掺入外加剂、掺合料、聚合物等进行改性，改性后防水砂浆的性能应符合规范《地下工程防水技术规范》(GB 50108—2008)。

图 7-18　水泥砂浆防水层施工

（1）结构验收合格，已办好验收手续。

（2）地下防水施工期间做好排水，直至防水工程全部完工为止。排水降水措施应按施工方案执行。

（3）施工前应将预埋件、穿墙管预留凹槽内嵌填密封材料后，再施工防水砂浆。

（4）基层表面应平整、坚实、粗糙、清洁，并充分湿润、无积水。

2. 基层处理

（1）清理基层，剔除松散附着物。基层表面的孔洞、缝隙应用与防水层相同的砂浆堵塞压实抹平。混凝土基层应做凿毛处理，使基层表面平整、坚实、粗糙、清洁，并充分润湿、无积水，如图 7-19 所示。

（2）施工前应将预埋件、穿墙管预留凹槽内嵌填密封材料后，再施工防水砂浆。

图 7-19　基层处理施工

（3）基层的混凝土和砌筑砂浆强度应不低于设计值的 80%。

3. 刷素水泥浆

根据配合比将材料拌合均匀，在基层表面涂刷均匀，随即抹底层砂浆。如基层为砌体时，则抹灰前一天用水管把墙浇透，第二天洒水湿润即可进行底层砂浆施工。

4. 抹底层砂浆

按配合比调制砂浆，搅拌均匀后进行抹灰操作，底灰抹灰厚度为 5～10mm，在砂浆凝固之前用扫帚扫毛。砂浆要随拌随用，拌和后使用时间不宜超 1h，严禁使用拌和后超过初凝时间的砂浆。

5. 抹面层砂浆

刷完素水泥浆后，紧接着抹面层砂浆，配合比同底层砂浆，抹灰厚度为 5～10mm，抹灰宜与第一层垂直，先用木抹子搓平，后用铁抹子压实、压光。

6. 水泥砂浆防护层的养护

（1）普通水泥砂浆防水层终凝后应及时养护，养护温度不宜低于 5℃，并保持湿润，养护时间不得少于 14d。

（2）聚合物水泥砂浆防水层未达到硬化状态时，不得浇水养护或直接雨水冲刷，硬化后应采用干湿交替的养护方法。在潮湿环境中，可在自然条件下养护。

（3）使用特种水泥、外加剂、掺合料的防水砂浆，养护应按新产品有关规定执行。

## 二、卷材防水层施工

（1）在防水层施工（图 7-20）中，卷材及配套材料的品种、规格、性能必须符合设计和规范要求，不透水性、拉力、延伸率、低温柔度、耐热度等指标控制应符合要求。

> 施工小常识：防水卷材厚度，单层使用时不应小于 4mm，双层使用时每层不应小于 3mm。

图 7-20　卷材防水层铺设

（2）卷材防水层的施工步骤及内容见表 7-5。

表 7-5　　　　　　　　　　卷材防水层施工步骤及内容

| 步骤 | 内　容 |
| --- | --- |
| 基层清理 | 施工前将验收合格的基层清理干净、平整牢固、保持干燥 |
| 涂刷基层处理剂 | 在基层表面满刷一道用汽油稀释的高聚物改性沥青溶液，涂刷应均匀，不得有露底或堆积现象，也不得反复涂刷，涂刷后在常温经过 4h 后（以不粘脚为准），开始铺贴卷材 |

| 步骤 | 内 容 |
|------|-------|
| 特殊部位加强处理 | 管根、阴阳角部位加铺一层卷材。按规范及设计要求将卷材裁成相应的形状进行铺贴 |
| 基层弹分条铺贴线 | 在处理后的基层面上，按卷材的铺贴方向，弹出每幅卷材的铺贴线，保证不歪斜（以后上层卷材铺贴时，同样要在已铺贴的卷材上弹线） |
| 热熔铺贴卷材 | （1）底板垫层混凝土平面部位宜采用空铺法或点粘法，其他与混凝土结构相接触的部位应采用满粘法；采用双层卷材时，两层之间应采用满粘法。<br>（2）将改性沥青防水卷材按铺贴长度进行裁剪并卷好备用，操作时将已卷好的卷材端头对准起点，点燃汽油喷灯或专用火焰喷枪，均匀加热基层与卷材交接处，喷枪距加热面保持300mm左右往返喷烤，当卷材表面的改性沥青开始熔化时，即可向前缓缓滚铺卷材 |
| 热熔封边 | 卷材搭接缝处用喷枪加热，压合至边缘挤出沥青粘牢。卷材末端收头用沥青嵌缝膏嵌填密实 |
| 保护层施工 | 平面应浇筑细石混凝土保护层；立面防水层施工完，宜采用聚乙烯泡沫塑料片材做软保护层 |

### 三、涂膜防水层施工

（1）涂膜防水层施工（图7-21）前，先将基层表面的灰尘、杂物、灰浆硬块等清扫干净，并用干净的湿布擦一次，经检查基层平整、无空裂、起砂等缺陷，方可进行下道工序施工。

图7-21 涂膜防水施工

（2）涂膜防水层的施工步骤及内容见表7-6。

表7-6 涂膜防水层施工步骤及内容

| 步骤 | 内 容 |
|------|-------|
| 细部做附加涂膜层 | （1）穿墙管、阴阳角、变形缝等薄弱部位，应在涂膜层大面积施工前，先做好增强的附加层。 |

| 步骤 | 内　容 |
|---|---|
| 细部做附加涂膜层 | （2）附加涂层做法（图7-22）：一般采用一布二涂进行增强处理，施工时应在两道涂膜中间铺设一层聚酯无纺布或玻璃纤维布。作业时应均匀涂刷一遍涂料，涂膜操作时用板刷刮涂料驱除气泡，将布密地粘贴在第一遍涂层上。阴阳角部位一般将布剪成条形，管根为块形或三角形。第一遍涂层表干（12h）后进行第二遍涂刷。第二遍涂层实干（24h）后方可进行大面积涂膜防水施工 |
| 第一遍涂膜施工 | （1）涂刷第一遍涂膜前应先检查附加层部位有无残留的气孔或气泡，如有气孔或气泡，则应用橡胶刮板将涂料用力压入气孔，局部再刷涂一道，表干后进行第一遍涂膜施工。<br>（2）涂刮第一遍聚氨酯防水涂料时，可用塑料或橡皮刮板在基层表面均匀涂刮，涂刮要沿同一个方向，厚薄应均匀一致，用量为 0.6～0.8kg/m²。不得有漏刮、堆积、鼓泡等缺陷。涂膜实干后进行第二遍涂膜施工 |
| 第二遍涂膜施工 | 第二遍涂膜采用与第一遍相垂直的涂刮方向，涂刮量、涂刮方法与第一遍相同 |
| 第三、四遍涂膜施工 | （1）第三遍涂膜涂刮方向与第二遍垂直，第四遍涂膜涂刮方向与第三遍垂直。其他作业要求与前面两遍涂膜施工相同。<br>（2）涂膜总厚度应不小于2mm |
| 涂膜保护层施工 | 涂膜防水施工后应及时做好保护层；平面涂膜防水层根据部位和后续施工情况可采用20mm厚1:2.5水泥砂浆保护层或40～50mm厚细石混凝土保护层。当后续施工工序荷载较大（如绑扎底板钢筋时），应采用细石混凝土保护层；墙体迎水面保护层宜采用软保护层，如粘贴聚乙烯泡沫片材等 |

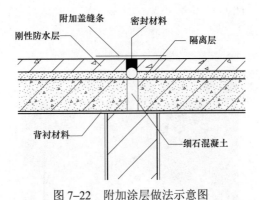

图7-22　附加涂层做法示意图

# 第四节　屋面防水施工操作

装配式建筑在屋面防水施工中的具体操作方法可参考钢筋混凝土结构屋面防水施工的方法。

## 一、刚性防水屋面施工

刚性防水屋面（图7-23）主要适用于防水等级为Ⅲ级的屋面防水，也可用作

Ⅰ、Ⅱ级屋面多道防水设防中的一道防水层；不适用于设有松散保温层的屋面、大跨度和轻型屋盖的屋面，以及受振动或冲击的建筑屋面。而且刚性防水层的节点部位应与柔性材料复合使用，才能保证防水的可靠性。

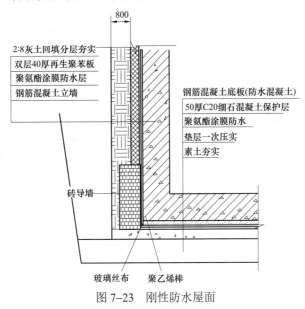

图 7-23　刚性防水屋面

施工流程：基础处理、找平层和找坡层施工→隔离层施工→弹分格缝线、安装分格缝木条、支边模板施工→绑扎防水层钢筋网片→浇筑细石混凝土防水层施工。

1. 基础处理、找平层和找坡层施工

（1）基层为整体现浇钢筋混凝土板或找平层时，应为结构找坡。屋面的坡度应符合设计要求，一般为 2%～3%。

（2）基层为装配式钢筋混凝土板时，板端缝应嵌填密封材料处理。

（3）基层应清理干净，表面应平整，局部缺陷应进行修补。

2. 隔离层施工

（1）刚性防水屋面基层为保温层时，保温层可兼做隔离层，但保温层必须干燥。

（2）石灰黏土砂浆铺设时，基层清扫干净，洒水湿润后，将石灰膏:砂:黏土配合比为 1:2.4:3.6，铺抹厚度为 15～20mm，表面压实平整，抹光干燥后再进行下道工序的施工。

（3）纸筋灰与麻刀灰做刚性防水层的隔离层时，纸筋灰与麻刀灰所用灰膏要彻底熟化，防止灰膏中未熟化颗粒将来发生膨胀，影响工程质量。铺设厚度为 10～15mm，表面压光，待干燥后，上铺塑料布一层，再绑扎钢筋，浇筑细石混凝土。

3. 弹分格缝线、安装分格缝木条、支边模板施工

（1）弹分格缝线。分格缝弹线分块应按设计要求进行，如设计无明确要求时，应设在屋面板的支承端、屋面转折处、防水层与突出屋面结构的交接处，纵横分格不应大于 6m。

（2）分格缝木条（图 7-24）应采用水泥素灰或水泥砂浆固定于弹线位置，要求尺寸和位置准确。

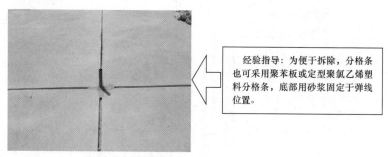

> 经验指导：为便于拆除，分格条也可采用聚苯板或定型聚氯乙烯塑料分格条，底部用砂浆固定于弹线位置。

图 7-24  安装分格缝木条

4. 绑扎防水层钢筋网片

（1）把隔离层清扫干净，弹出分格缝墨线，将钢筋满铺在隔离层上，钢筋网片必须置于细石混凝土中部偏上的位置，但保护层厚度不应小于 10mm。绑扎成型后，按照分格缝墨线处剪开并弯钩。

（2）采用绑扎接头时应有弯钩，其搭接长度不得小于 250mm。绑扎火烧丝收口应向下弯，不得露出防水层表面。

5. 浇筑细石混凝土防水层施工（图 7-25）

（1）细石混凝土浇筑前，应将隔离层表面杂物清除干净，钢筋网片和分格缝木条放置好并固定牢固。

（2）浇筑混凝土按块进行，一个分格板块范围内的混凝土必须一次浇捣完成，不得留置施工缝。浇筑时先远后近，先高后低，先用平板锹和木杠基本找平，再用平板振捣器进行振捣，用木杠二次刮平。

> 施工小常识：① 用木抹子或电动抹平机基本压平，收出水光，有一定强度后，用铁抹子或电动抹光机进行二次抹光，并修补表面缺陷。
> ② 终凝前进行人工三次收光，取出分格条，再次修补表面的平整度及光洁度，在 2m 范围内不大于 5mm。

图 7-25  浇筑细石混凝土防水层

（3）细石混凝土终凝并有一定强度（12～24h）后，再进行养护，养护时间不少于7d。养护方法可采用淋水湿润，也可采用喷涂养护剂、覆盖塑料薄膜或锯末等方法，必须保证细石混凝土处于充分湿润的状态。

## 二、卷材防水屋面施工

卷材防水主要是用于建筑墙体、屋面，以及隧道、公路、垃圾填埋场等处，起到抵御外界雨水、地下水渗漏的一种可卷曲成卷状的柔性建材产品，作为工程基础与建筑物之间的无渗漏连接，是整个工程防水的第一道屏障，对整个工程起着至关重要的作用。

施工流程：基层清理→涂刷基层处理剂→附加层施工→热熔铺贴卷材→屋面防水保护层施工。

1. 基层清理

施工前将验收合格基层表面的尘土、杂物清理干净。

2. 涂刷基层处理剂

高聚物改性沥青防水卷材可选用与其配套的基层处理剂（图7-26）。使用前在清理好的基层表面，用长把滚刷均匀涂布于基层上，常温经过4h后，开始铺贴卷材。

经验指导：屋面防水施工中用于溶解基层处理剂的有机溶剂属于易燃品，应有专人妥善保管，特别是有机溶剂，应采取有效措施防止中毒，并应做好施工现场各工种间的协调及消防安全工作。

图7-26　涂刷基层处理剂

3. 附加层施工

附加层，如女儿墙、水落口、管根、檐口、阴阳角等细部先做附加层，一般用热熔法，使用改性沥青卷材施工，必须粘贴牢固。

4. 热熔铺贴卷材

热熔铺贴卷材（图7-27）：按弹好标准线的位置，在卷材的一端用火焰加热器将卷材涂盖层熔融，随即固定在基层表面，用火焰加热器对准卷材卷和基层表面的夹角，喷嘴距离交界处300mm左右，边熔融涂盖层边跟随熔融范围缓慢地滚铺改性沥青卷材，卷材下面的空气应排尽，并辊压粘结牢固，不得空鼓。

经验指导:卷材铺贴方向应符合下列规定:屋面坡度小于 3%时,卷材宜平行屋脊铺贴;屋面坡度在 3%以上或屋面受震动时,卷材可平行或垂直屋脊铺贴。

图 7-27 铺贴卷材施工

5. 屋面防水保护层施工

屋面防水保护层分为着色剂涂料、地砖铺贴、浇筑细石混凝土或用带有矿物粒(片)料、细砂等保护层的卷材。

### 三、涂膜防水屋面施工

1. 涂膜防水层

涂膜防水层(图 7-28)与基层应粘结牢固,表面平整,涂刷均匀,无流淌、皱折、脱皮、起鼓、裂缝、鼓泡、露胎体和翘边等缺陷。

知识扩展:涂膜防水层是指为了完全可以隔绝外界雨水、潮气、一切有害气体对防水基层的侵害而采用防水涂料制成的防水层。涂料防水由于其可以形成整体无接缝封闭层,完全可以隔气隔水,涂料防水施工技术容易掌握,施工设备简单,不受基层任何复杂形状的限制都可做成连续、整体的涂料防水层。

图 7-28 涂膜防水施工

2. 涂膜防水屋面操作步骤及内容

涂膜防水屋面操作步骤及具体内容见表 7-7。

表 7-7 涂膜防水屋面操作步骤及内容

| 步骤 | 内 容 |
| --- | --- |
| 清理基层 | 先以铲刀、扫帚等工具将基层表面的突出物、砂浆疙瘩等异物铲除,并将尘土杂物彻底清扫干净。对凹凸不平处,应用高强度等级水泥砂浆修补顺平。对阴阳角、管根、地漏和水落口等部位更应认真清理 |

| 步骤 | 内　　　容 |
|---|---|
| 涂料的调配 | 涂膜防水材料的配制：按照生产厂家指定的比例分别称取适量的液料和粉料，配料时把粉料慢慢倒入液料中并充分搅拌，搅拌时间不少于 10min 至无气泡为止。搅拌时不得加水或混入上次搅拌的残液及其他杂质。配好的涂料必须在厂家规定的时间内用完 |
| 涂刷底层涂料 | 涂刷底层涂料，将已搅拌好的底层涂料，用长板刷或圆形滚刷滚动涂刷，涂刷要横竖交叉进行，达到均匀、厚度一致，不漏底，待涂层干燥后，再进行下道工序 |
| 细部附加层处理 | 细部附加层增强处理，对预制天沟、檐沟与屋面交界处，应增加一层涂有聚合物水泥防水涂料的胎体增强材料作为附加层。檐口处、压顶下收头处应多遍涂刷封严，或用密封材料封严 |
| 涂刷下层涂料 | 涂刷下层涂料须待底层涂料干燥后方可涂刷 |
| 涂刷中层涂料 | 涂刷中层涂料须待下层涂料干燥后方可涂刷 |
| 涂刷面层涂料 | 涂刷面层涂料，待中层涂料干燥后，用滚刷均匀涂刷。可多刷一遍或几遍直至达到设计规定的涂膜厚度 |

3. 涂膜防水屋面施工的注意事项

（1）每层涂刷完约 4h 后涂料可固结成膜，此后可进行下一层涂刷。为消除屋面因温度变化产生的胀缩，应在涂刷第二层涂膜后铺无纺布，同时涂刷第三层涂膜。无纺布的搭接宽度应不小于 100mm。屋面防水涂料的涂刷不得少于五遍，涂膜厚度不应小于 1.5mm。

（2）聚合物水泥防水涂料与卷材复合使用时，涂膜防水层宜放在下面；涂膜与刚性防水材料复合使用时，刚性防水层放在上面，涂膜放在下面。

（3）防水层完工后应做蓄水试验，蓄水 24h 无渗漏为合格。坡屋面可做淋水试验，淋水 2h 无渗漏为合格。

（4）保护层：涂膜防水作为屋面面层时，不宜采用着色剂保护层。一般应铺面砖等刚性保护层。

# 第八章　装配式建筑施工管理

## 第一节　专项施工方案的编制

### 一、专项施工方案的组成要素

专项施工方案编制过程中的组成要素如下：① 工程概况；② 施工安排；③ 施工进度计划；④ 施工准备与资源配置计划；⑤ 施工方法及工艺要求。

### 二、编制专项施工方案的具体要求

1. 工程概况

（1）工程概况应包括工程主要情况、设计说明和工程施工条件等。

（2）工程主要情况应包括分部（分项）工程或专项工程名称，工程参建单位的相关情况，工程的施工范围、施工合同、招标文件或总承包单位对工程施工的重点要求等。

（3）设计说明应主要介绍施工范围内的工程设计内容和相关要求。

（4）工程施工条件应重点说明与分部（分项）工程或专项工程相关的内容。

（5）装配式混凝土结构施工，除了应编制相应的施工方案外，还应把专项施工方案进行细化，具体内容如下：

1）储存场地及道路方案；

2）吊装方案（叠合板的吊装、预制墙板的吊装、楼梯的吊装）；

3）叠合板的排架方案（独立支撑）；

4）转换层施工，钢筋的精确定位方案；

5）墙板的支撑方案（三角支撑）；

6）叠合层的浇筑、拼缝方案；

7）叠合层与后浇带养护方案；

8）注浆施工方案；

9）外挂架使用方案。

2. 施工安排

（1）工程施工目标包括进度、质量、安全、环境和成本等目标，各项目标应满足施工合同、招标文件和总承包单位对工程施工的要求。

（2）工程施工顺序及施工流水段应在施工安排中确定。

（3）针对工程的重点和难点，进行施工安排，并简述主要管理和技术措施。

（4）工程管理的组织机构及岗位职责应在施工安排中确定，并应符合总承包单位的要求。

3. 施工进度计划

（1）分部（分项）工程或专项工程施工进度计划应按照施工安排，并结合总承包单位的施工进度计划进行编制。施工进度计划的编制应内容全面、安排合理、科学实用，在进度计划中应反映出各施工区段或各工序之间的搭接关系，施工期限和开始、结束时间。同时，施工进度计划应能体现和落实总体进度计划的目标控制要求；通过编制分部（分项）工程或专项工程进度计划，进而体现总进度计划的合理性。

（2）施工进度计划可采用网络图或横道图表示，并附必要说明。

4. 施工准备与资源配置计划

（1）施工准备应包括下列内容：

1）技术准备：包括施工所需技术资料的准备、图纸深化和技术交底的要求、试验检验和测试工作计划、样板制作计划以及与相关单位的技术交接计划等。

2）现场准备：包括生产、生活等临时设施的准备，以及与相关单位进行现场交接的计划等。

3）资金准备：编制资金使用计划等。

（2）资源配置计划应包括下列内容：

1）劳动力配置计划：确定工程用工量，并编制专业种劳动力计划表。

2）物资配置计划：包括工程材料和设备配置计划、周转材料和施工机具配置计划，以及计量、测量和检验仪器配置计划等。

5. 施工方法及工艺要求

（1）明确分部（分项）工程或专项工程施工方法，并进行必要的技术核算，对主要分项工程（工序）明确施工工艺要求。施工方法是工程施工期间所采用的技术方案、工艺流程、组织措施、检验手段等。它直接影响施工进度、质量、安全以及工程成本。本条所规定的内容应比施工组织总设计和单位工程施工组织设计的相关内容更细化。

（2）对易发生质量通病、易出现安全问题、施工难度大、技术含量高的分项工程（工序）等应做出重点说明。

（3）对开发和使用的新技术、新工艺以及采用的新材料、新设备，应通过必要的试验或论证并制订计划。对于工程中推广应用的新技术、新工艺、新材料和新设备，可以采用目前国家和地方推广的，也可以根据工程具体情况由企业创新；对于企业创新的技术和工艺，要制订理论和试验研究实施方案，并组织鉴定评价。

（4）对季节性施工应提出具体要求。根据施工地点的实际气候特点，提出具有针对性的施工措施。在施工过程中，还应根据气象部门的预报资料，对具体措施进行细化。

## 第二节　装配式工程安全施工技术

### 一、钢结构工程安全施工技术

1. 钢结构构件制作

（1）钢结构构件制作前应编制施工方案，制订保证安全的技术措施，并向操作人员进行安全教育和安全技术交底。

（2）操作各种加工机械及电动工具的人员，应经专门培训，考试合格后方准上岗，操作时应遵守各种机械及电动工具的操作规程。

（3）构件翻身起吊绑扎必须牢固，起吊点应通过构件的重心位置，吊升时应平稳，避免振动或摆动。在构件就位并临时固定前，不得解开索具或拆除临时固定工具，以防脱落伤人。

（4）钢结构制作场地用电应有专人负责安装、维护和管理用电和用电线路。架设的低压线路不得用裸导线，电线铺设要防砸、防碰撞、防挤压，以防触电。起重机在电线下进行作业时，应保持规定的安全距离。电焊机的电源线长度不宜超过 5m，并应架高。电焊线和电线要远离起重钢丝绳 2m 以上，电焊线在地面上与钢丝绳和钢构件相接触时，应有绝缘隔离措施。

（5）各种用电加工机械设备，必须有良好的接地和接零。接地线应用截面不小于 25mm² 的多股软裸铜线和专用线夹，不得用缠绕的方法进行接地和接零。同一供电网不得有的接地、有的接零。

（6）在雨期或潮湿地点加工钢结构，铆工、电焊工应戴绝缘手套和穿绝缘胶鞋，以防操作时漏电伤人。

（7）电焊机、氧气瓶、乙炔发生器等在夏季使用时，应采取措施，避免烈日曝晒，与火源应保持 10m 以上的距离，此外还应防止与机械油接触，以免发生爆炸。

（8）现场电焊、气焊要有专人看火管理；焊接场地周围 5m 以内严禁堆放易燃品；用火场所要备有消防器材、器具和消火栓；现场用空压机罐、乙炔瓶、氧气瓶等，应在安全可靠地点存放，使用时要建立制度，按安全规程操作，并加强检查。

2. 钢结构安装

（1）钢结构安装起重设备行走路线应坚实、平整，停放地点应平坦；严禁超负荷吊装，操作时避免斜吊，同时不得起吊质量不明的钢构件。

（2）钢柱、梁、屋架等安装就位后应随即校正、固定，并将支撑系统安装好，使其形成稳定的空间体系。如不能很快固定，刮风天气应设风缆绳、斜撑拉（撑）固或用 8 号钢丝与已安装固定的构件连系，以防止失稳、变形、倾斜。对已就位的钢构件，必须完成临时或最后固定后，方可进行下道工序作业。

（3）高空作业使用的撬杠和其他工具应防止坠落；高空用的梯子、吊篮、临时操作台应绑扎牢靠，跳板应铺平绑扎，严禁出现挑头板。

（4）钢结构构件已经固定后，不得随意用撬杠撬动或移动位置，如需重新校正时，必须回钩。

（5）安装现场用电要有专人管理，各种电线接头应装入开关箱内，用后加锁。塔式起重机或长臂杆的起重设备，应有避雷设施。

（6）高空安装钢结构，应设操作平台，四周应设护栏，操作人员应戴安全帽、系安全带；携带工具、垫铁、焊条、螺栓等应放入随身佩带的工具袋内；在高空传递时，应有保险绳，不得随意上下抛掷，防止脱落伤人或发生意外伤害。钢檩条、水平支撑、压型板安装，下部应挂安全网，四周设安全栏杆。

3. 焊接连接

（1）焊接设备外壳必须接地或接零；焊接电缆、焊钳及连接部分，应有良好的接触和可靠的绝缘。

（2）焊机前应设漏电保护开关。装拆焊接设备与电网连接部分时，必须切断电源。

（3）高空焊接，焊工应系安全带，随身工具及焊条均应放在专门背袋中。在同一作业面上下交叉作业处，应设安全隔离措施。

（4）焊接操作场所周围 5m 以内不得有易燃、易爆物品，并在附近配备消防器材。

（5）焊工应经过培训、考试合格，进行安全教育和安全交底后方可上岗施焊。

（6）焊工操作时必须穿戴防护用品，如工作服、手套、胶鞋，并应保持干燥和完好。焊接时必须戴内镶有滤光玻璃的防护面罩。

（7）焊接工作场所应有良好的通风、排气装置，并有良好的照明设施。

4. 高强螺栓连接

（1）使用活动扳手的扳口尺寸应与螺母尺寸相符，不应在手柄上加套管。高空操作应使用死扳手，如使用活扳手时，要用绳子拴牢，操作人员要系安全带。

（2）扭剪型高强螺栓，扭下的梅花卡头应放在工具袋内，不得随意乱扔，防止从高空掉下伤人。

（3）使用机具应经常检查，防止漏电和受潮。

（4）严禁在雨天或潮湿条件下使用高强螺栓扳手。

（5）钢构件组装安装螺栓时，应先用钎子对准孔位，严禁用手指插入连接面或螺栓孔对正。取放钢垫板时，手指应放在钢垫板的两侧。

## 二、结构安装的安全技术措施

### 1. 结构安装工程安全措施

（1）起重机的行驶道路必须平整坚实，对于坑穴和松软土层要进行处理。无论在何种情况下，起重机都不准停在斜坡上，尤其是不能在斜坡上进行吊装工作。

（2）在吊装前应充分了解吊装的最大质量，一般不得超载吊装。在特殊情况下难免超载时应采取保护措施，如在起重机吊杆上拉缆风绳或在起重机尾部增加平衡重等。

（3）严格禁止斜吊。斜吊是指所要吊起的重物不在起重机起重臂顶的正下方，当捆绑重物的吊索挂上吊钩后，吊钩滑轮组与地面不垂直，而与水平线成一个夹角。斜吊会造成超负荷及钢丝绳出槽，甚至造成重物地面产生快速摆动，不仅使起重机不稳定，而且还可能碰伤人或其他物体。

（4）当吊装一定质量的构件行驶时，应特别注意两个问题：一是道路一定要平整，不能有凹凸不平现象；二是负荷要有一定限制，尽量不能满负荷行驶。

（5）吊装操作人员在高空作业时，必须正确使用安全带。安全带正确的使用方法一般应高挂低用，即将安全带绳端的钩环挂于高处，人在低处进行操作。

（6）安装有预留洞口的楼板或屋面板时，应及时用木板将孔洞封盖或及时设置防护栏杆、安全网等防坠落措施。电梯井口必须设置防护栏杆或固定栅门；电梯井内应每隔两层并最多每隔 10m 设置一道安全网。

（7）在进行屋架和梁等重型构件安装时，必须搭设牢固可靠的操作平台。需要在梁上行走时，应设置护栏横杆或绳索。

### 2. 结构安装工程质量要求

（1）预制构件应进行结构性能检验。结构性能检验不合格的预制构件不得用于混凝土结构。预制构件应在明显部位标明生产单位、构件型号、生产日期和质量验收标志。构件上的预埋件、插筋和孔洞的规格、位置和数量，应符合标准图或设计要求。

（2）在进行构件的运输或吊装前，必须对构件的制作质量进行复查验收。在此之前，制作单位应当先进行自查，然后向运输或吊装单位提交构件出厂证明书，并附有混凝土试块强度报告，并在自查合格的构件上加盖"合格"印章。

（3）为保证构件在吊装中不产生断裂，吊装时对构件混凝土的强度、预应力混凝土构件孔道灌浆的水泥砂浆强度、下层结构承受内力的接头（接缝）混凝土或砂浆强度，必须进行试验且应达到设计要求。当设计无具体要求时，混凝土强度不应低于设计的混凝土立方体抗压强度标准值的 75%，预应力混凝土构件孔道灌浆的强度不应低于 15MPa，下层结构承受内力的接头（接缝）的混凝土或砂浆强度不应低于 10MPa。

（4）保证混凝土预制构件的型号、位置和支点锚固质量符合设计要求，并且无变形损坏现象。

（5）对设计成熟、生产数量少的大型构件，当采取"加强材料和制作质量检验的措施"时，可只做挠度、抗裂或裂缝宽度检验；当采取上述措施并有可靠的实践经验时，也可不做结构性能检验。

## 第三节　主要施工管理计划

### 一、主要施工管理计划的组成

主要施工管理计划主要涉及进度、质量、安全和成本等方面内容，具体内容如下：

### 二、主要施工管理计划的具体内容

1. 进度管理计划

（1）项目施工进度管理应按照项目施工的技术规律和合理的施工顺序，保证各工序在时间上和空间上的顺利衔接。

不同的工程项目，其施工技术规律和施工顺序不同。即使是同一类工程项目，其施工顺序也难以做到完全相同。因此必须根据工程特点，按照施工的技术规律和合理的组织关系，解决各工序在时间和空间上的先后顺序和搭接问题，以达到保证质量、安全施工、充分利用空间、争取时间、实现经济合理安排进度的目的。

（2）进度管理计划应包括下列内容：

1）对项目施工进度计划进行逐级分解，通过阶段性目标的实现保证最终工期目标的完成；在施工活动中通常是通过对最基础的分部（分项）工程的施工进度控制来保证各个单项（单位）工程或阶段工程进度控制目标的完成，进而实现项目施工进度控制总体目标;因而需要将总体进度计划进行一系列从总体到细部、从高层次到基础层次的层层分解,一直分解到在施工现场可以直接调度控制的分部(分项)工程或施工作业过程为止。

2)建立施工进度管理的组织机构并明确职责,制定相应管理制度;施工进度管理的组织机构是实现进度计划的组织保证;它既是施工进度计划的实施组织,又是施工进度计划的控制组织;既要承担进度计划实施赋予的生产管理和施工任务,又要承担进度控制目标,对进度控制负责,因此需要严格落实有关管理制度和职责。

3)针对不同施工阶段的特点,制订进度管理的相应措施,包括施工组织措施、技术措施和合同措施等。

4)建立施工进度动态管理机制,及时纠正施工过程中的进度偏差,并制订特殊情况下的赶工措施;面对不断变化的客观条件,施工进度往往会产生偏差;当发生实际进度比计划进度超前或落后时,控制系统就要做出应有的反应,分析偏差产生的原因,采取相应的措施,调整原来的计划,使施工活动在新的起点上按调整后的计划继续运行,如此循环往复,直至预期计划目标的实现。

5)根据项目周边环境特点,制订相应的协调措施,减少外部因素对施工进度的影响。项目周边环境是影响施工进度的重要因素之一,其不可控性大,必须重视诸如环境扰民、交通组织和偶发意外等因素,采取相应的协调措施。

2. 质量管理计划

质量管理计划应包括下列内容:

(1)按照项目具体要求确定质量目标并进行目标分解。质量指标应具有可测量性;应制定具体的项目质量目标,质量目标应不低于工程合同明示的要求;质量目标应尽可能地量化和层层分解到最基层,建立阶段性目标。

(2)建立项目质量管理的组织机构并明确职责;应明确质量管理组织机构中各重要岗位的职责,与质量有关的各岗位人员应具备与职责要求匹配的相应知识、能力和经验。

(3)制订符合项目特点的技术保障和资源保障措施,通过可靠的预防控制措施,保证质量目标的实现;应采取各种有效措施,确保项目质量目标的实现;这些措施包含但不局限于:原材料、构配件、机具的要求和检验,主要的施工工艺,主要的质量标准和检验方法,夏期、冬期和雨期施工的技术措施,关键过程、特殊过程、重点工序的质量保证措施,成品、半成品的保护措施,工作场所环境,以及劳动力和资金保障措施等。

(4)建立质量过程检查制度,并对质量事故的处理作出相应规定;按质量管理八项原则中的过程方法要求,将各项活动和相关资源作为过程进行管理,建立质量过程检查、验收以及质量责任制等相关制度,对质量检查和验收标准作出规定，采取有效的纠正和预防措施，保障各工序和过程的质量。

3. 安全管理计划

（1）安全管理计划应包括下列内容：

1）确定项目重要危险源，制定项目职业健康安全管理目标。

2）建立有管理层次的项目安全管理组织机构并明确职责。

3）根据项目特点，进行职业健康安全方面的资源配置。

4）建立具有针对性的安全生产管理制度和职工安全教育培训制度。

5）针对项目重要危险源，制订相应的安全技术措施；对达到一定规模的危险性较大的分部（分项）工程和特殊工种的作业，应制订专项安全技术措施的编制计划。

6）根据季节、气候的变化制订相应的季节性安全施工措施。

（2）施工单位应对从事预制构件吊装作业及相关人员进行安全培训与交底，明确预制构件进场、卸车、存放、吊装、就位各环节的作业风险，并制订防止危险情况的处理措施。

（3）预制构件卸车时，应按照规定的装卸顺序进行，确保车辆平衡，避免由于卸车顺序不合理导致车辆倾覆。

（4）预制构件卸车后，应将构件按编号或按使用顺序，合理有序存放于构件存放场地，并应设置临时固定措施或采用专用插放支架存放，避免构件失稳造成构件倾覆。水平构件吊点进场时必须进行明显标识。构件吊装和翻身扶直时的吊点必须符合设计规定。异型构件或无设计规定时，应经计算确定并保证使构件起吊平稳。

（5）安装作业开始前，应对安装作业区进行围护并做出明显的标识，拉警戒线，并派专人看管，严禁与安装作业无关的人员进入。

（6）已安装好的结构构件，未经有关设计和技术部门批准，不得用作受力支承点和在构件上随意凿洞开孔。不得在其上堆放超过设计荷载的施工荷载。

（7）对起吊物进行移动、吊升、停止、安装时的全过程应用旗语或者通用手势信号进行指挥，信号不明不得启动，上下相互协调联系应采用对讲机。

（8）吊机吊装区域内，非作业人员严禁进入。吊运预制构件时，构件下方严禁站人，应待预制构件降落至距地面 1m 以内方准作业人员靠近，就位固定后方可脱钩。

1）吊起的构件应确保在起重机吊杆顶的正下方，严禁采用斜拉、斜吊，严禁起吊埋于地下或粘结在地面上的构件。

2）开始起吊时，应先将构件吊离地面 200～300mm 后停止起吊，并检查起重机的稳定性、制动装置的可靠性、构件的平衡性和绑扎的牢固性等，待确认无误后，方可继续起吊。已吊起的构件不得长久停滞在空中。

（9）装配式结构在绑扎柱、墙钢筋时，应采用专用高凳作业，当高于围挡时，作业人员应佩戴穿芯自锁保险带。

（10）遇到雨、雪、雾天气，或者风力大于 5 级时，不得进行吊装作业。事后应及时清理冰雪并应采取防滑和防漏电措施。雨、雪过后作业前，应先试吊，确认制动器灵敏可靠后方可进行作业。

4. 成本管理计划

（1）成本管理计划应以项目施工预算和施工进度计划为依据编制。

（2）成本管理计划应包括下列内容：

1）根据项目施工预算，制订项目施工成本目标。

2）根据施工进度计划，对项目施工成本目标进行阶段分解。

3）建立施工成本管理的组织机构并明确职责，制定相应管理制度。

4）采取合理的技术、组织和合同等措施，控制施工成本。

5）确定科学的成本分析方法，制订必要的纠偏措施和风险控制措施。

（3）必须正确处理成本与进度、质量、安全和环境等之间的关系；成本管理是与进度管理、质量管理、安全管理和环境管理等同时进行的，是针对整体施工目标系统所实施的管理活动的一个组成部分。在成本管理中，要协调好与进度、质量、安全和环境等的关系，不能片面强调成本节约。

5. 环境管理计划

（1）环境管理计划应包括下列内容：

1）确定项目重要环境因素，制订项目环境管理目标。

2）建立项目环境管理的组织机构并明确职责。

3）根据项目特点进行环境保护方面的资源配置。

4）制订现场环境保护的控制措施。

5）建立现场环境检查制度，并对环境事故的处理作出相应的规定。

6）一般来讲，建筑工程常见的环境因素包括如下内容：① 大气污染；② 垃圾污染；③ 光污染；④ 放射性污染；⑤ 生产、生活污水排放；⑥ 建筑施工中建筑机械发出的噪声和强烈的振动。

（2）现场环境管理应符合国家和地方政府部门的要求。

（3）预制构件运输过程中，应保持车辆整洁，防止对场内道路的污染，并减少扬尘。

（4）现场各类预制构件应分别集中存放整齐，并悬挂标识牌，严禁乱堆乱放，不得占用施工临时道路，并做好防护隔离。

（5）夹心保温外墙板和预制外墙板内的保温材料，采用粘结板块或喷涂工艺的保温材料，其组成原材料应彼此相容，并应对人体和环境无害。

（6）预制构件施工中产生的胶粘剂、稀释剂等易燃、易爆化学制品的废弃物应及时收集送至指定储存器内并按规定回收，严禁丢弃未经处理的废弃物。

（7）在预制构件安装施工期间，应严格控制噪声，遵守《建筑施工场界噪声限值》（GB 12523）的规定，加强环保意识的宣传。采用有力措施控制人为的施工噪声，严格管理，最大限度地减少噪声扰民。

6．其他管理计划

（1）其他管理计划宜包括绿色施工管理计划、防火保安管理计划、合同管理计划、组织协调管理计划、创优质工程管理计划、质量保修管理计划，以及对施工现场人力资源、施工机具、材料设备等生产要素的管理计划等。

（2）其他管理计划可根据项目的特点和复杂程度加以取舍。

（3）各项管理计划的内容应有目标，有组织机构，有资源配置，有管理制度和技术、组织措施等。

# 附录 A 常用结构构件代号

**附表 1** 常用结构构件代号

| 名称 | 代号 | 名称 | 代号 | 名称 | 代号 |
|---|---|---|---|---|---|
| 板 | B | 吊车梁 | DL | 基础 | J |
| 屋面板 | WB | 圈梁 | QL | 设备基础 | SJ |
| 空心板 | KB | 过梁 | GL | 桩 | ZH |
| 槽形板 | CB | 连系梁 | LL | 柱间支撑 | ZC |
| 折板 | ZB | 基础梁 | JL | 垂直支撑 | CC |
| 密肋板 | MB | 楼梯梁 | TL | 水平支撑 | SC |
| 楼梯板 | TB | 檩条 | LT | 梯 | T |
| 墙板 | QB | 屋架 | WJ | 雨篷 | YP |
| 天沟板 | TGB | 托架 | TJ | 阳台 | YT |
| 盖板或沟盖板 | GB | 天窗架 | GJ | 梁垫 | LD |
| 挡雨板或压檐口板 | YB | 框架 | KJ | 预埋件 | M |
| 吊车安全走道板 | DB | 钢架 | GJ | 天窗端壁 | TD |
| 梁 | L | 支架 | ZJ | 钢筋网 | W |
| 屋面梁 | WL | 柱 | Z | 钢筋骨架 | G |

# 附录B 常用建筑材料图例

附表2           **常用建筑材料图例**

| 序号 | 名称 | 图 例 | 备 注 |
|------|------|-------|------|
| 1 | 自然土壤 | | 包括各种自然土壤 |
| 2 | 夯实土壤 | | |
| 3 | 砂、灰土 | | 靠近轮廓线绘较密的点 |
| 4 | 砂砾石、碎砖三合土 | | |
| 5 | 石材 | | |
| 6 | 毛石 | | |
| 7 | 普通砖 | | 包括实心砖、多孔转、砌块等砌体。断面较窄，不易绘出图例线时，可涂红 |
| 8 | 耐火砖 | | 包括耐酸砖等砌体 |
| 9 | 空心砖 | | 指非承重砖砌体 |
| 10 | 饰面砖 | | 包括铺地砖、马赛克、陶瓷锦砖、人造大理石等 |

| 序号 | 名称 | 图 例 | 备 注 |
|---|---|---|---|
| 11 | 焦渣、矿渣 | 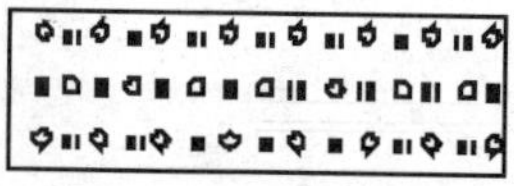 | 包括与水泥、石灰等混合而成的材料 |
| 12 | 混凝土 | 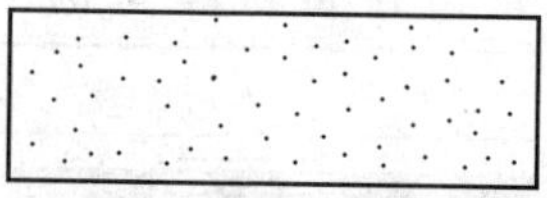 | （1）本图例指能承重的混凝土及钢筋混凝土。<br>（2）包括各种强度等、骨料、添加剂的混凝土。<br>（3）在剖面上画出钢筋时，不画图例线。<br>（4）断面图形小，不易画出图例线时，可涂黑 |
| 13 | 钢筋混凝土 | 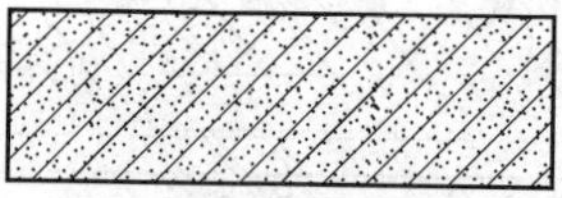 | |
| 14 | 多孔材料 | 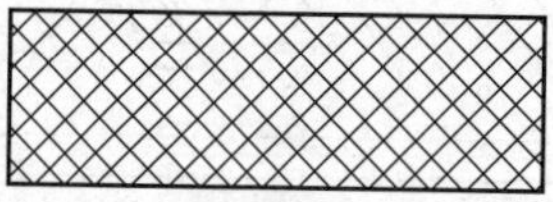 | 包括水泥珍珠岩、沥青珍珠岩、泡沫混凝土、非承重加气混凝土、软木、蛭石制品等 |
| 15 | 纤维材料 | 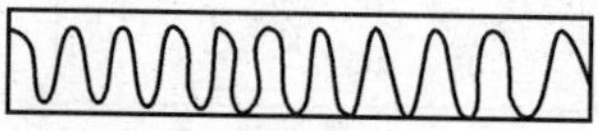 | 包括矿棉、岩棉、玻璃棉、麻丝、木丝板、纤维板等 |
| 16 | 泡沫塑料材料 | 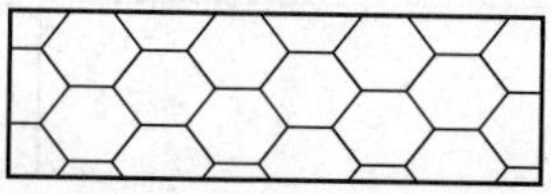 | 包括聚苯乙烯、聚乙烯、聚氨酯等多孔聚合物类材料 |
| 17 | 木材 | 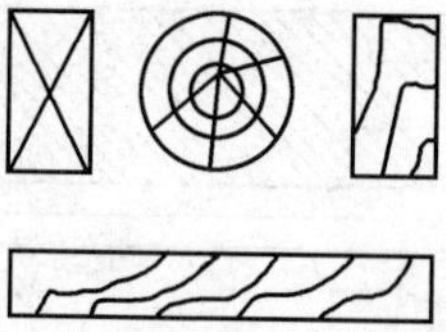 | （1）上图为横断面，上左图为垫木、木砖或木龙骨。<br>（2）下图为纵断面 |
| 18 | 胶合板 | 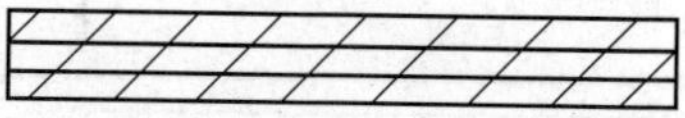 | 应注明为×层胶合板 |
| 19 | 石膏板 | 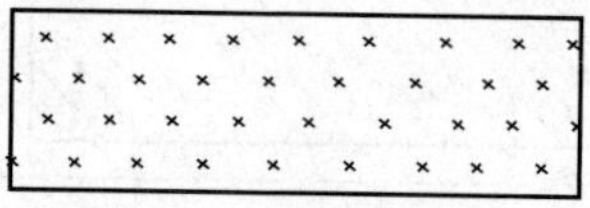 | 包括圆孔、方孔石膏板、防水石膏板等 |
| 20 | 金属 | 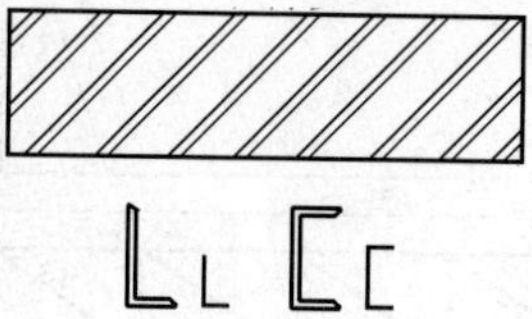 | （1）包括各种金属。<br>（2）图形小时，可涂黑 |
| 21 | 网状材料 | 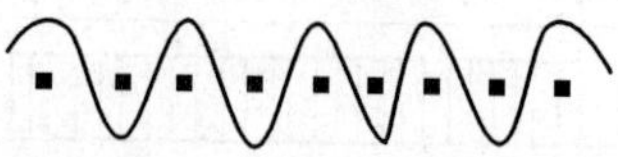 | （1）包括金属、塑料网状材料。<br>（2）应注明具体金属材料 |

续表

| 序号 | 名称 | 图　　例 | 备　　注 |
|---|---|---|---|
| 22 | 液体 | | 应注明具体液体名称 |
| 23 | 玻璃 | | 包括平板玻璃、磨砂玻璃、夹丝玻璃、钢化玻璃、中空玻璃、夹层玻璃、镀膜玻璃等 |
| 24 | 橡胶 | | |
| 25 | 塑料 | | 包括各种软、硬塑料及有机玻璃等 |
| 26 | 防水材料 | | 构造层次多或比例大时，采用上面图例 |
| 27 | 粉刷 | | 本图例采用较稀的点 |

注：序号 1、2、5、7、8、13、14、16、17、18、22、23 图例中的斜线、短斜线、交叉斜线等一律为 45°。

# 附表C 常用建筑构造图例

| 附表3 | 常用建筑构造图例 | | |
|---|---|---|---|
| 名称 | 图 例 | 名称 | 图 例 |
| 底层楼梯 | | 转门 | |
| 中间层楼梯 | | 空洞门 | |
| 顶层楼梯 | | 单扇门 | |
| 检查孔 | | 双扇门 | |
| 孔洞 | | 双扇推拉门 | |
| 墙预留洞 | | 单层固定窗 | |
| 烟道 | | 左右推拉窗 | |
| 通风道 | | 单层外开上悬窗 | |
| 单扇弹簧门 | | 入口坡道 | |
| 双扇弹簧门 | | 电梯 | |

# 参 考 文 献

［1］国家标准 GB 50300—2013 建筑工程施工质量验收统一标准. 北京：中国建筑工业出版社，
2013.

［2］国家标准 GB 50202—2002 建筑地基基础工程施工质量验收规范. 北京：中国计划出版社，
2010.

［3］国家标准 GB 50203—2011 砌体工程施工质量验收规范. 北京：中国建筑工业出版社，2011.

［4］国家标准 GB 50204—2002 混凝土结构工程施工质量验收规范. 北京：中国建筑工业出版
社，2011.

［5］国家标准 GB 50207—2012 屋面工程施工质量验收规范. 北京：中国建筑工业出版社，2012.

［6］国家标准 GB 50208—2011 地下防水工程施工质量验收规范. 北京：光明日报出版社，2011.

［7］上官子昌. 实用钢结构施工技术手册. 北京：中国化学工业出版社，2013.

［8］土木在线. 图解钢结构工程现场施工. 北京：机械工业出版社，2013.

［9］北京建工集团有限责任公司. 建筑分项工程施工工艺标准（上、下册）. 第 3 版. 北京：中
国建筑工业出版社，2008.